本試験型

算数
検定 6級
試験問題集

JN039645

成美堂出版

本書の使い方

　本書は，算数検定6級でよく問われる問題を中心にまとめた本試験型問題集です。本番の検定を想定し，計5回分の問題を収録していますので，たっぷり解くことができます。解答や重要なポイントは赤字で示していますので，付属の赤シートを上手に活用しましょう。

問題の難易度を示しています。●●●●，●●●●，●●●● の順に難しくなります。

見返さなくてもすむよう，解説・解答編にも問題をのせてあります。

□ (8) $3\dfrac{3}{4} \div \dfrac{5}{8}$

解き方　《(分数)÷(分数)の計算》────── ●●●●

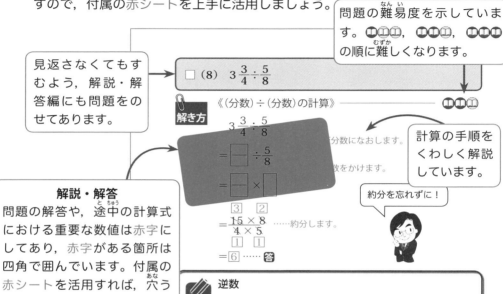

$3\dfrac{3}{4} \div \dfrac{5}{8}$

$= \boxed{} \div \dfrac{5}{8}$ ……分数になおします。

$= \boxed{} \times \boxed{}$ ……逆数をかけます。

$= \dfrac{\overset{3}{\cancel{15}} \times \overset{2}{\cancel{8}}}{\underset{1}{\cancel{4}} \times \underset{1}{\cancel{5}}}$ ……約分します。

$= \boxed{6}$ …… 答

計算の手順をくわしく解説しています。

約分を忘れずに！

解説・解答
問題の解答や，途中の計算式における重要な数値は赤字にしてあり，赤字がある箇所は四角で囲んでいます。付属の赤シートを活用すれば，穴うめ問題として練習ができます。

問題を解くための基礎となる重要事項をまとめてあります。

逆数
　2つの数の積が1になるとき，一方の数を他方の数の逆数といいます。
　分数の逆数は，分母と分子を入れかえた数になります。

例　$\dfrac{2}{3}$ の逆数 → $\dfrac{3}{2}$　　　　$\dfrac{3}{2}$ の逆数 → $\dfrac{2}{3}$

　1の逆数 → 1　　0.5の逆数 $\left(\dfrac{1}{2} の逆数 \right)$ → 2

　0.1の逆数 $\left(\dfrac{1}{10} の逆数 \right)$ → 10

分数÷分数の計算
　分数でわる計算では，わる数の逆数をかけるかけ算になおして計算します。

$$\dfrac{b}{a} \div \dfrac{d}{c} = \dfrac{b}{a} \times \dfrac{c}{d}$$

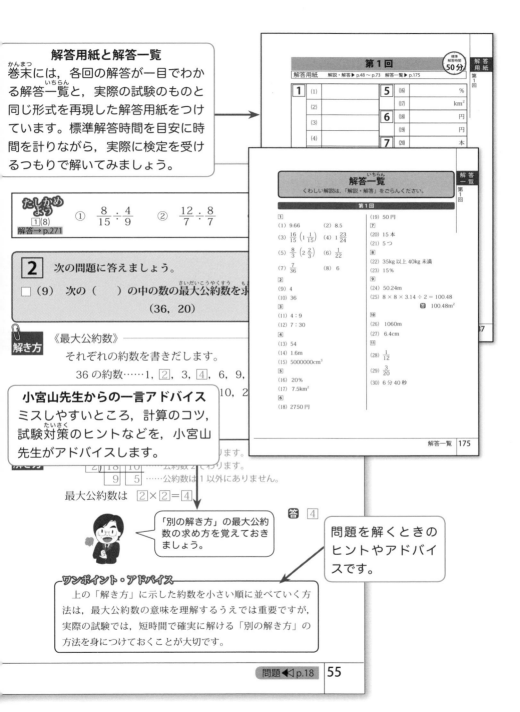

解答用紙と解答一覧

巻末には，各回の解答が一目でわかる解答一覧と，実際の試験のものと同じ形式を再現した解答用紙をつけています。標準解答時間を目安に時間を計りながら，実際に検定を受けるつもりで解いてみましょう。

たしかめよう
1(8)
解答→ p.271

① $\frac{8}{15} \div \frac{4}{9}$　② $\frac{12}{7} \div \frac{8}{7}$

2 次の問題に答えましょう。

□（9） 次の（　）の中の数の最大公約数を求

(36, 20)

解き方
《最大公約数》

それぞれの約数を書きだします。

36 の約数……1, 2, 3, 4, 6, 9,

小宮山先生からの一言アドバイス
ミスしやすいところ，計算のコツ，試験対策のヒントなどを，小宮山先生がアドバイスします。

……ます。
2) 18 10 ……公約数 2 でわります。
9 5 ……公約数は 1 以外にありません。

最大公約数は 2 × 2 = 4

答 4

「別の解き方」の最大公約数の求め方を覚えておきましょう。

問題を解くときのヒントやアドバイスです。

ワンポイント・アドバイス
上の「解き方」に示した約数を小さい順に並べていく方法は，最大公約数の意味を理解するうえでは重要ですが，実際の試験では，短時間で確実に解ける「別の解き方」の方法を身につけておくことが大切です。

問題◀p.18　55

第 1 回

解答用紙　解説・解答▶ p.48 ～ p.73　解答一覧▶ p.175

標準解答時間 50分

解答用紙 第1回

1	(1)		5	(16)	％
	(2)			(17)	km²
	(3)		6	(18)	円
	(4)			(19)	円
7	(20)				本

解答一覧
くわしい解説は，「解説・解答」をごらんください。

解答一覧 第1回

第1回

1
(1) 9.66　　(2) 8.5
(3) $\frac{16}{15}$ ($1\frac{1}{15}$)　(4) $1\frac{23}{24}$
(5) $\frac{8}{3}$ ($2\frac{2}{3}$)　(6) $\frac{1}{22}$
(7) $\frac{7}{36}$　　(8) 6

2
(9) 4
(10) 36

3
(11) 4 : 9
(12) 7 : 30

4
(13) 54
(14) 1.6m
(15) 5000000cm³

5
(16) 20%
(17) 7.5km²

6
(18) 2750 円

(19) 50 円
(20) 15 本
(21) 5 つ
(22) 35kg 以上 40kg 未満
(23) 15%

9
(24) 50.24m
(25) 8 × 8 × 3.14 ÷ 2 = 100.48
答 100.48m²

10
(26) 1060m
(27) 6.4cm

11
(28) $\frac{1}{12}$
(29) $\frac{3}{20}$
(30) 6 分 40 秒

解答一覧 175

3

目　次

問　題

解説・解答

算数検定6級の内容

算数検定6級の検定内容

●出題範囲

実用数学技能検定は，公益財団法人日本数学検定協会が実施している検定試験です。

1級から11級までと，準1級，準2級をあわせて，13階級あります。そのなかで，1級から5級までは「数学検定」，6級から11級までは「算数検定」と呼ばれています。

検定内容は，AグループからMグループまであり，6級はそのなかのHグループとIグループからそれぞれ45％ずつ，特有問題から10％程度出題されることになっています。

また，6級の出題内容のレベルは【小学校6年程度】とされています。

6級の出題範囲

Hグループ	分数を含む四則混合計算，円の面積，円柱・角柱の体積，縮図・拡大図，対称性などの理解，基本的単位の理解，比の理解，比例や反比例の理解，資料の整理，簡単な文字と式，簡単な測定や計量の理解　など
Iグループ	整数や小数の四則混合計算，約数・倍数，分数の加減，三角形・四角形の面積，三角形・四角形の内角の和，立方体・直方体の体積，平均，単位量あたりの大きさ，多角形，図形の合同，円周の長さ，角柱・円柱，簡単な比例，基本的なグラフの表現，割合や百分率の理解　など

●検定時間と問題数

6級の検定時間と問題数，合格基準は次のとおりです。

検定時間	問題数	合格基準
50分	30問	全問題の70%程度

なお，解答欄には単位があらかじめ記載されていますが，一部の問題では単位も含めて解答を記入する場合がありますので，注意しましょう。

算数検定6級の受検方法

●受検方法

算数検定は，個人受検が年3回，団体受検が年17回程度，提携会場受検が年14回程度行われています。

申込み方法は，個人受検の場合，「インターネット」，「郵送」，「コンビニ」による申込み方法があります。

団体受検の場合は，学校や塾などを通じて申し込みます。

●受検資格

原則として受検資格は問われません。誰でもどの級からでも受検できます。

●合否の確認

各検定日の約3週間後に，日本数学検定協会ホームページにて，インターネットを利用して検定の合否のみ確認することができます。

結果発表は，検定日から 30 ～ 40 日を目安に，検定結果通知・証書が郵送されます。

　団体受検者には，団体の担当者あてにまとめて，個人受検者には，受検者へ直接送られます。

＊受検方法など試験に関する情報は変更になる場合がありますので，事前に必ずご自身で試験実施団体などが発表する最新情報をご確認ください。

公益財団法人 日本数学検定協会
　　　〒 110-0005
　　　東京都台東区上野 5-1-1　文昌堂ビル 4 階
＜個人受検に関する問合せ＞
　　　TEL：03-5812-8349
＜団体受検・提携会場受検に関する問合せ＞
　　　TEL：03-5812-8341
　　　ホームページ：https://www.su-gaku.net/

6級でよくでる問題

　6級で出題される問題の中で，ポイントとなる項目についてまとめました。

　6級では，大問の11問のうち，4番までは次のように毎回同様のタイプの問題が多く出題されています。この傾向は今後も変わらないと予想されます。基本的な問題ですから，確実に得点できるようにしておきましょう。

① （8問）小数・分数の四則計算
② （2問）最大公約数，最小公倍数
③ （2問）比の問題（比を簡単にする）
④ （3問）等しい比，単位の問題（長さ，面積，体積，重さ，時間）

数の計算

　小数や分数の四則計算（たし算，ひき算，かけ算，わり算）の方法を確認し，くり返し練習しましょう。また，かっこや四則計算が混じった式では，

　　かっこ内の計算 → かけ算・わり算 → たし算・ひき算

の順で計算します。

ポイント

（1）（小数）×（整数），（小数）×（小数）の計算

　筆算で計算します。小数点の位置に注意しましょう。

例 0.47×7

$$
\begin{array}{r}
0.47 \\
\times \quad 7 \\
\hline
3.29
\end{array}
$$

→小数部分2けた
↓
←小数部分2けた

例 1.2×1.4

$$
\begin{array}{r}
1.2 \\
\times 1.4 \\
\hline
4\,8 \\
1\,2 \quad\; \\
\hline
1.68
\end{array}
$$

→小数部分1けた
→小数部分1けた
↓
←小数部分2けた

（2）（小数）÷（整数），（小数）÷（小数）の計算

筆算で計算します。

例 $61.2 \div 18$

$$
\begin{array}{r}
3.4 \\
18\,\overline{)\,6\,1.2\,} \\
5\,4 \\
\hline
7\,2 \\
7\,2 \\
\hline
0
\end{array}
$$

←商の小数点の位置は，わられる数の小数点の位置に合わせます。

例 $4.68 \div 1.3$

$$
\begin{array}{r}
3.6 \\
1.3\,\overline{)\,4.6\,8\,} \\
3\,9 \\
\hline
7\,8 \\
7\,8 \\
\hline
0
\end{array}
$$

←③わられる数の小数点の位置に合わせます。
←①わる数が整数になるように，小数点を右に移します。
②わられる数の小数点も同じけただけ右に移します。

（3）（分数）＋（分数），（分数）−（分数）の計算

分数の計算で，答えが真分数にならないとき，仮分数と帯分数のどちらで答えてもかまいません。

例 $\dfrac{3}{4} + \dfrac{1}{3}$

$$= \frac{9}{12} + \frac{4}{12}$$

4 と 3 の最小公倍数 12 を共通な分母にして通分します。

$$= \frac{9 + 4}{12}$$

←分子どうしをたします。

$$= \frac{13}{12} \quad \left(1\frac{1}{12}\right)$$

例 $1\frac{1}{6} - \frac{1}{4}$

通分します。

$$= 1\frac{2}{12} - \frac{3}{12}$$

分数部分でひけないから，$1\frac{2}{12}$ を仮分数になおします。

$$= \frac{14}{12} - \frac{3}{12}$$

$$= \frac{14 - 3}{12}$$

$$= \frac{11}{12}$$

（4）（分数）×（分数），（分数）÷（分数）の計算

分数どうしのかけ算，わり算は次のように計算します。帯分数は仮分数になおして計算しましょう。

約分できるときは計算の途中で約分して，答えもできるだけ簡単な分数にします。

例 $1\frac{1}{2} \times \frac{4}{5}$

帯分数を仮分数になおします。

$$= \frac{3}{2} \times \frac{4}{5}$$

分母どうし，分子どうしをかけます。

$$= \frac{3 \times \overset{2}{\cancel{4}}}{\underset{1}{\cancel{2}} \times 5}$$

←約分します。

$$= \frac{6}{5} \quad \left(1\frac{1}{5}\right)$$

例　$\dfrac{3}{4} \div \dfrac{6}{7}$

　　$= \dfrac{3}{4} \times \dfrac{7}{6}$　　わる数の逆数をかけます。

　　$= \dfrac{\overset{1}{3} \times 7}{4 \times \underset{2}{6}}$　　分母どうし，分子どうしをかけます。
　　　　　　　　←約分します。

　　$= \dfrac{7}{8}$

最大公約数・最小公倍数 ●

　2つの数，3つの数の最大公約数，最小公倍数が求められるようにしておきましょう。

ポイント

（1）最大公約数の求め方

例　24, 42, 54 の最大公約数

　　それぞれの約数を書きだします。

　　　　24 の約数……1, 2, 3, 4, 6, 8, 12, 24

　　　　42 の約数……1, 2, 3, 6, 7, 14, 21, 42

　　　　54 の約数……1, 2, 3, 6, 9, 18, 27, 54

　　したがって，最大公約数は 6

　　次のように，公約数で次々にわっていく方法があります。

　　　2) 24　42　54 …3つの数 24, 42, 54 の公約数 2 でわります。
　　　3) 12　21　27 …12 と 21 と 27 の公約数 3 でわります。
　　　　 4　 7　 9 …公約数は 1 以外にありません。

　　したがって，最大公約数は，$2 \times 3 = 6$

　　それぞれの約数を並べて調べる方法よりは，はやくミスも

なくできるので, この方法をしっかり練習しておきましょう。

（2）　最小公倍数の求め方

例　　4，6，8 の最小公倍数

それぞれの倍数を書きだします。

4 の倍数 …… 4，8，12，16，20，24，28，…

6 の倍数 …… 6，12，18，24，30，…

8 の倍数 …… 8，16，24，…

したがって，最小公倍数は 24

これも，次のように公約数でわっていく方法のほうが便利です。

$$
\begin{array}{r}
2)\underline{4\quad6\quad8} \\
2)\underline{2\quad3\quad4} \\
1\quad3\quad2
\end{array}
$$

…3 つの数 4, 6, 8 の公約数 2 でわります。

…2 と 4 の公約数 2 でわります。

したがって，最小公倍数は，$2 \times 2 \times 1 \times 3 \times 2 = 24$

割合と百分率，比

割合の問題や速さの問題をよく学習しておきましょう。比を簡単にする問題では，分数の約分と同じよう考えます。

ポイント

（1）　割合と百分率

比べられる量，もとにする量，割合の関係を表す次の式をおぼえておきましょう。

割合＝比べられる量÷もとにする量

次の 2 つの式は，上の式から導くことができます。

比べられる量＝もとにする量×割合

もとにする量＝比べられる量÷割合

割合は，百分率（％）や歩合で表すこともあります。百分率は，もとの量を 100 とするときの割合の表し方です。割合を百分率で求めるときは，次の式で求められます。

百分率＝比べられる量÷もとにする量× 100

割合の 1 が百分率で 100％にあたるので，百分率を求める場合，まず割合を求め，その割合を 100 倍する方法でもかまいません。

歩合については，ある商品を定価の何割引きで買ったときの代金を求める場合などに利用されます。10 割が割合の 1 にあたります。野球の打率で，たとえば 3 割 4 分 5 厘は，割合では 0.345，百分率では 34.5％にあたります。

百分率，歩合も割合の別の表し方です。それぞれの目的や習慣によって使い分けられています。

（2） 比の問題

$a : b$ の a と b に同じ数をかけたり，a と b を同じ数でわったりしてできる比は，すべて等しい比になります。

また，比を，それと等しい比で，できるだけ小さい整数どうしの比になおすことを，比を簡単にするといいます。

□ : 7 = 12 : 21 の□を求めるような問題では，7 を 3 倍すると 21 になるので，□× 3 = 12 より，□= 12 ÷ 3 = 4 と求めることができますが，次の比の性質を使っても求めることができます。

$$□ : 7 = 12 : 21 \quad → \quad □× 21 = 7 × 12$$
$$→ \quad □= 7 × 12 ÷ 21 = 4$$

比の問題は必ず出題されます。文章題で出題されることもあるので，割合の問題と同じように，十分練習しておきましょう。

割合

　割合に関する問題もよく出題されます。割合, 比べられる量, もとにする量の関係をしっかり覚えておきましょう。

ポイント

割合, 比べられる量, もとにする量の関係

　次のいずれか 1 つの式から, 他の 2 つの式が導かれます。

割合＝比べられる量÷もとにする量
比べられる量＝もとにする量×割合
もとにする量＝比べられる量÷割合

　割合を百分率で表すときは, 割合に 100 をかけます。割合が 0.5 のときは, 百分率では, $0.5 \times 100 = 50$ で, 50％となります。

比例, 反比例

　比例や反比例の関係をよく理解し, いろいろな条件やグラフから式を求めたり, 比例のグラフをかいたりすることができるようにしておきましょう。

ポイント

比例, 反比例の式とグラフ

　y が x に比例するとき, $y \div x$ の値はきまった数になります。x と y の関係は, 次の式で表すことができます。

y ＝きまった数× x

　また, y が x に反比例するとき, $x \times y$ の値はきまった数になります。x と y の関係は, 次の式で表すことができます。

$$y = きまった数 \div x$$

または,

$$x \times y = きまった数$$

　比例, 反比例のグラフは, 読めるようにしておきましょう。また, 比例のグラフをかく問題は出る可能性がありますが, 反比例のグラフをかく問題は出る可能性が低いです。

単　位

　毎回, 単位の換算の問題が出題されます。

　長さをもとに, 面積, 体積, 量, 重さの単位が決められています。重さも水の体積から定められています。それぞれの関係をよく理解しておぼえておきましょう。

ポイント

単　位

　単位の問題では, とくに面積や体積の単位をまちがえないようにしましょう。単位の問題では, 次のような表をつくって考えるとミスをふせぐことができます。

			m^2				cm^2
			0	0	1	3	0

$$0.013 m^2 = 130 cm^2$$

		m^3					cm^3
1	2	4	0	0	0	0	0

$$12.4 m^3 = 12400000 cm^3$$

面積，体積 ───────────────●

三角形，正方形，長方形，平行四辺形，ひし形，円などの基本的な図形の面積や，これらの図形を組み合わせた図形の面積を求める問題が出題されています。

ポイント

(1) 円周の長さ，円の面積

円周，円の面積を求める公式をおぼえておきましょう。おうぎ形の周りの長さや面積も，この公式を利用します。

円の面積＝半径×半径×円周率

円周の長さ＝直径×円周率

また，円やおうぎ形と他の図形を組み合わせた図形の面積を求める問題もよく出題されます。

(2) 立体図形の体積

直方体，立方体，角柱，円柱の体積が求められるようにしておきましょう。

角柱・円柱の体積＝底面積×高さ

円柱の底面積は，円の面積の公式から求めることができます。

場合の数 ───────────────●

場合の数を求める問題もよく出題されます。

ポイント

場合の数

並べ方の数や組合せの数を求めるときは，樹形図や表などを使って，落ちや重なりなくすべての場合の数を数えます。問題に応じて，使い分けましょう。

第1回　算数検定

きゅう

6級

```
────── 検定上の注意 ──────

1. 検定時間は 50 分です。
2. ものさし・分度器・コンパスを使用することができま
   す。電卓を使用することはできません。
3. 答えはすべて解答用紙に書いてください。
4. 答えが分数になるとき，約分してもっとも簡単な分数
   にしてください。
```

＊解答用紙は 187 ページ

Ⓒ 成美堂出版

1 次の計算をしましょう。 （計算技能）

（1） 4.2×2.3

（2） $1.53 \div 0.18$

（3） $\dfrac{1}{3} + \dfrac{11}{15}$

（4） $2\dfrac{3}{8} - \dfrac{5}{12}$

（5） $\dfrac{8}{15} \times 5$

（6） $\dfrac{4}{11} \div 8$

（7） $\dfrac{4}{9} \times \dfrac{7}{16}$

（8） $3\dfrac{3}{4} \div \dfrac{5}{8}$

2 次の問題に答えましょう。

（9） 次の（ 　　 ）の中の数の最大公約数を求めましょう。

（36，20）

（10） 次の（ 　　 ）の中の数の最小公倍数を求めましょう。

（9，12，18）

3 次の比を，もっとも簡単な整数の比にしましょう。

(11) $28 : 63$ (12) $2.1 : 9$

4 次の □ にあてはまる数を求めましょう。

(13) $6 : 7 = \boxed{} : 63$

(14) $160\text{cm} = \boxed{}\text{m}$

(15) $5\text{m}^3 = \boxed{}\text{cm}^3$

5 まゆみさんの住んでいる町の面積は 25km^2 です。住宅地の面積は 5km^2 で，畑の面積は，町の面積の 30% です。このとき，次の問題に答えましょう。

(16) 住宅地の面積は，町の面積の何%ですか。

(17) 畑の面積は何 km^2 ですか。

6 あるスポーツ店にサッカーボールを買いに行きました。このお店では，商品の値段に，値段の 10％の消費税を加えて代金をはらいます。2500 円のサッカーボールを買うとき，次の問題に答えましょう。

(18) このサッカーボールを買うとき，消費税を加えた代金は何円ですか。

(19) 消費税は現在 10％ですが，以前は 8％でした。このサッカーボールを消費税が 8％のときに買うときと比べて，10％のときに買う代金は何円高いですか。

7 右の図のような五角柱について，次の問題に答えましょう。

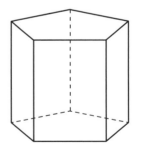

(20) 辺は何本ありますか。

(21) 側面はいくつありますか。

8 右の表はかずきさんのクラスの男子の体重の記録です。このとき，次の問題に答えましょう。

（統計技能）

(22) いちばん人数の多いはんいは何 kg 以上何 kg 未満ですか。

体重の記録

体重（kg）	人数（人）
25 以上 〜 30 未満	2
30 〜 35	4
35 〜 40	6
40 〜 45	3
45 〜 50	3
50 〜 55	2
合計	20

(23) 40kg 以上 45kg 未満の人は，全体の何％ですか。

9 右のような図形があります。このとき，次の問題に単位をつけて答えましょう。ただし，円周率は3.14とします。

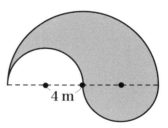

4 m

(24) 色のついた部分のまわりの長さを求めましょう。

(25) 色のついた部分の面積を求めなさい。この問題は，計算の途中の式と答えを書きましょう。

10 右の地図は，2万分の1の縮尺です。次の問題に答えましょう。

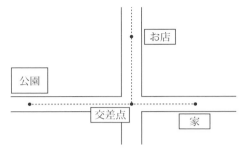

(26) 縮図で家から交差点までの長さは2.5cm，交差点からお店までの長さは2.8cm です。実際の家からお店までの道のりは何m ですか。

(27) 実際の家から公園までの道のりは1280m です。縮図にすると何cm ですか。

11 水そうに水を入れるのに，太い管では12分，細い管では15分間かかります。このとき，次の問題に答えましょう。

(28) 太い管だけを使うとき，1分間に入る水の量は全体のどれだけですか。

(29) 太い管と細い管をいっしょに使うとき，1分間に入る水の量は全体のどれだけですか。

(30) 太い管と細い管をいっしょに使うと，何分何秒でいっぱいになりますか。

第2回　算数検定

6級

── 検定上の注意 ──

1. 検定時間は50分です。
2. ものさし・分度器・コンパスを使用することができます。電卓を使用することはできません。
3. 答えはすべて解答用紙に書いてください。
4. 答えが分数になるとき，約分してもっとも簡単な分数にしてください。

＊解答用紙は188ページ

Ⓒ成美堂出版

1　次の計算をしましょう。　　　　　　　　　　（計算技能）

（1）　0.06×0.5

（2）　$17.38 \div 7.9$

（3）　$\dfrac{3}{8} + \dfrac{1}{6}$

（4）　$1\dfrac{2}{9} - \dfrac{5}{6}$

（5）　$\dfrac{3}{28} \times 7$

（6）　$3\dfrac{3}{4} \div 10$

（7）　$1\dfrac{1}{6} \times \dfrac{3}{14}$

（8）　$1\dfrac{2}{5} \div 2\dfrac{1}{7}$

2　次の問題に答えましょう。

（9）　次の（　　）の中の数の最大公約数を求めましょう。
　　　　　　　　（16，24）

（10）　次の（　　）の中の数の最小公倍数を求めましょう。
　　　　　　　　（9，18，24）

3 次の比を，もっとも簡単な整数の比にしましょう。

(11)　32：72　　　　　　　　　　(12)　5.4：15

4 次の □ にあてはまる数を求めましょう。

(13)　7：4 ＝ □：32

(14)　1.05kg ＝ □ g

(15)　0.4m² ＝ □ cm²

5 みどりさんの家から，東へ $\frac{2}{5}$ km のところに学校があり，西へ $\frac{1}{3}$ km のところに図書館，北へ $\frac{6}{5}$ km のところに市役所があります。このとき，次の問題に答えましょう。

(16)　家から学校までのきょりと，家から図書館までのきょりのちがいは何 km ですか。

(17)　家から市役所までのきょりは，家から学校までのきょりの何倍ですか。

6 あるお店に，1500円のサンダルを買いに行きます。このお店では，商品の値段に，値段の10%の消費税を加えて代金をはらいます。このとき，次の問題に答えましょう。

(18) このお店ではセールを行っていて，全品2割引きで販売しています。割引き後のサンダルの値段は何円ですか。

(19) このサンダルを買うとき，消費税を加えた代金は何円ですか。

7 下の図の色をぬった部分の面積は何cm² ですか。単位をつけて答えましょう。(20)は平行四辺形，(21)は三角形です。 （測定技能）

(20)

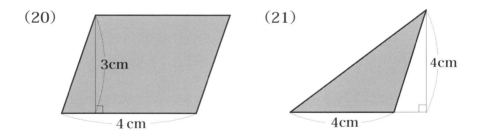

3cm

4 cm

(21)

4cm

4cm

8 右の柱状グラフはかんじさんのクラス 25 人の通学時間を表しています。このとき，次の問題に答えましょう。

（統計技能）

(22) 最頻値は，何分ですか。

(23) 通学時間が 20 分未満の人は，全体の何 % ですか。

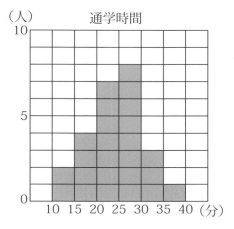

（人）　通学時間

9 下の表は，A と B の 2 つの小屋のにわとりが生んだたまごの重さを調べたものです。このとき，次の問題に答えましょう。

A	58	63	60	60	64	
B	64	61	57	62	64	61

（単位は g ）

(24) A の小屋の重さの平均を求めましょう。

(25) B の小屋の重さの平均を求めましょう。

(26) A と B の小屋のどちらのにわとりのほうが重いたまごを生んだといえますか。

10 下の図の色のついた部分の面積を，単位をつけて答えましょう。ただし，円周率は 3.14 とします。

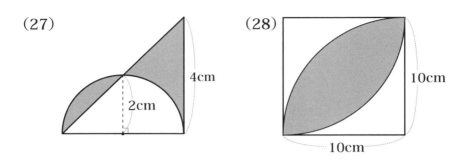

(27)

4cm

2cm

(28)

10cm

10cm

11 右の図のような 5 枚のカードを下のようなきまりで並べます。このとき，次の問題に答えましょう。A，B，C，D，E の文字を，たとえば ABCDE のように左から順に書きましょう。

A B C D E

（整理技能）

① A は左はしでも右はしでもない。

② B は左はしではない。また，A のとなりでない。D の左にある。

③ E は B のとなりでない。

(29) E が A の左にあるとき，5 枚のカードはどのように並びますか。

(30) A が E の左にあるとき，5 枚のカードはどのように並びますか。

第3回　算数検定

6級
きゅう

―― 検定上の注意 ――
けんていじょう

1. 検定時間は50分です。
2. ものさし・分度器・コンパスを使用することができます。電卓を使用することはできません。
ぶんどき
でんたく
3. 答えはすべて解答用紙に書いてください。
かいとうようし
4. 答えが分数になるとき，約分してもっとも簡単な分数にしてください。
やくぶん　　　　　　　　かんたん

＊解答用紙は189ページ

Ⓒ 成美堂出版

1 次の計算をしましょう。 （計算技能）

(1) 7.45×0.9

(2) $3.4 \div 1.36$

(3) $\dfrac{2}{7} + \dfrac{4}{5}$

(4) $2\dfrac{1}{6} - 1\dfrac{5}{8}$

(5) $\dfrac{5}{12} \times 8$

(6) $\dfrac{4}{9} \div 12$

(7) $1\dfrac{1}{6} \times 2\dfrac{4}{7}$

(8) $2\dfrac{1}{3} \div 2\dfrac{1}{5}$

2 次の問題に答えましょう。

(9) 次の（　　）の中の数の最大公約数を求めましょう。

（24, 60）

(10) 次の（　　）の中の数の最小公倍数を求めましょう。

（12, 24, 36）

3 次の比を，もっとも簡単な整数の比にしましょう。

(11) 45：27　　　　　　　　　(12) 7.2：4

4 次の □ にあてはまる数を求めましょう。

(13) 5：9 = □：54

(14) 2.5ha = □a

(15) 340mL = □dL

5 みさとさんが通う小学校のしき地面積は 22000m² です。
このとき，次の問題に単位をつけて答えましょう。

(16) 校舎の面積は，しき地面積の 25％です。校舎の面積は何 m²
ですか。この問題は，計算の途中の式と答えを書きましょう。

(17) となりにあるスポーツセンターのしき地面積は，小学校
のしき地面積の 150％です。スポーツセンターのしき地面積
は何 m² ですか。

6 定価が 3800 円のシューズを買いにいきます。A 店では 35％引きで売られていました。次に B 店に行くと同じシューズが 2660 円で売られています。このとき，次の問題に答えましょう。消費税は値段にふくまれているので，考える必要はありません。

(18) A 店のシューズの値段は何円ですか。

(19) B 店のシューズの値段は定価の何％引きですか。

7 右の図は，半径が 2cm の円を使ってかいた正六角形です。これについて，次の問題に答えましょう。

（測定技能）

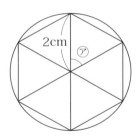

(20) ㋐の角度は何度ですか。

(21) この正六角形のまわりの長さは何 cm ですか。

8 まっ茶，バニラ，メロン，チョコの４種類のアイスクリームがあります。このとき，次の問題に答えましょう。

(22) ４種類のアイスクリームの中から２種類を選んで買います。まっ茶を選んだとき，残りの選び方は全部で何通りありますか。

(23) ４種類のアイスクリームの中から２種類を選ぶ選び方は，全部で何通りありますか。

9 自動車が，高速道路を１時間20分で120km走りました。このとき，次の問題に答えましょう。

(24) この自動車の速さは時速何kmですか。

(25) 同じ速さで走るとき，１時間40分では何km走りますか。

(26) 同じ速さで300kmの道のりを走るとき，何時間何分かかりますか。

10 　下の図のような直方体の容器⑦と⑦があります。⑦の容器の中には深さ 12cm のところまで水が入っています。このとき，次の問題に単位をつけて答えましょう。

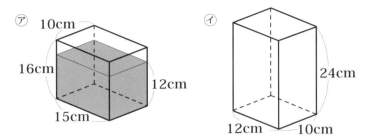

(27) 　⑦の容器に入っている水の体積は何 cm³ ですか。

(28) 　⑦の容器の水をすべて⑦の容器に移します。このとき，⑦の容器の水の深さは何 cm になりますか。この問題は，計算の途中の式と答えを書きましょう。

11 　右の図のような9つのます目に1，2，3，4，5，6，7，8，9の数字を入れ，たて，横，ななめの数の和が等しくなるようにします。このとき，次の問題に答えましょう。

（整理技能）

	1	6
⑦		7
	9	⑦

(29) 　⑦にあてはまる数を求めましょう。

(30) 　⑦にあてはまる数を求めましょう。

第4回 算数検定

6級

―― 検定上の注意 ――

1. 検定時間は 50 分です。
2. ものさし・分度器・コンパスを使用することができます。電卓を使用することはできません。
3. 答えはすべて解答用紙に書いてください。
4. 答えが分数になるとき，約分してもっとも簡単な分数にしてください。

＊解答用紙は 190 ページ

Ⓒ 成美堂出版

1 次の計算をしましょう。 （計算技能）

（1） 3.2×2.4

（2） $9.88 \div 1.52$

（3） $\dfrac{2}{3} + \dfrac{1}{4}$

（4） $1\dfrac{1}{3} - \dfrac{3}{5}$

（5） $\dfrac{5}{18} \times 12$

（6） $\dfrac{9}{20} \div 6$

（7） $\dfrac{3}{14} \times \dfrac{8}{9}$

（8） $2\dfrac{1}{2} \div \dfrac{5}{6}$

2 次の問題に答えましょう。

（9） 次の（　　）の中の数の最大公約数を求めましょう。
$$(28, \ 98)$$

（10） 次の（　　）の中の数の最小公倍数を求めましょう。
$$(15, \ 24, \ 40)$$

3 次の比を，もっとも簡単な整数の比にしましょう。

(11) $112 : 14$

(12) $\dfrac{2}{5} : \dfrac{1}{3}$

4 次の □ にあてはまる数を求めましょう。

(13) $8 : 3 = \boxed{} : 24$

(14) $0.25\,\mathrm{t} = \boxed{}\,\mathrm{kg}$

(15) $34\mathrm{L} = \boxed{}\,\mathrm{cm}^3$

5 まさとさんは消しゴムとノートとコンパスを買いました。コンパスの値段は消しゴムの値段の 4.5 倍です。消しゴムの値段は 40 円で，ノートの値段の $\dfrac{1}{3}$ 倍です。このとき，次の問題に答えましょう。

(16) ノートの値段は何円ですか。

(17) コンパスの値段はノートの値段の何倍ですか。この問題は，計算の途中の式と答えを書きましょう。

6 あるお店では，1本150円のジュースを3本買うと，1本もらえるキャンペーンを行っています。これについて，次の問題に答えましょう。消費税は値段にふくまれているので，考える必要はありません。

(18) キャンペーン中にこのジュースを8本ほしいとき，支払う代金は何円ですか。

(19) キャンペーン中に8本になるように買うときの値段は，キャンペーンを行っていないときに8本買うときの値段の何％引きですか。

7 右の図は，点Oを対称の中心とする点対称な図形です。これについて，次の問題に答えましょう。

(20) 点Aに対応する点はどれですか。

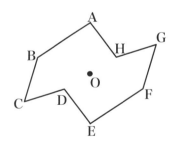

(21) 直線OBと同じ長さの直線はどれですか。

8 右のような4枚の数字カードがありま
す。このとき，次の問題に答えましょう。 2 3 4 5

(22) この数字カードから2枚を使って2けたの整数をつくり
ます。できる2けたの整数は全部で何通りありますか。

(23) この数字カードから3枚を使って3けたの整数をつくり
ます。できる3けたの整数は全部で何通りありますか。

9 右のグラフは針金の長
さ x m と重さ y g の関
係を表したものです。こ
のとき，次の ☐ にあて
はまることばや数を答え
ましょう。

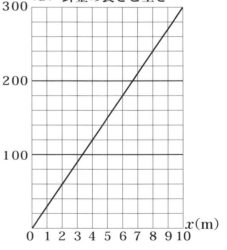

(24) 針金の重さは，長さに
☐ しています。

(25) y を x の式で表すと，

$$y = \boxed{} \times x$$

となります。 （表現技能）

(26) 針金の長さが7mのときの重さは ☐ g です。

10 右の図のような円柱の形をした容器⑦と⑦があります。⑦の容器の中には深さ5cm のところまで水が入っています。このとき，次の問題に答えましょう。
ただし，円周率は3.14 とします。

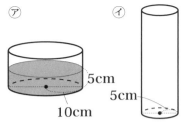

⑦

⑦

5cm

5cm

10cm

(27) ⑦の容器の底面の円周の長さは，⑦の容器の底面の円周の長さの何倍ですか。

(28) ⑦の容器の水をすべて⑦の容器に移します。このとき，⑦の容器の水の深さは何 cm になりますか。

11 右の図の筆算が正しくなるように，□に 0 ～ 9 までの数字を入れます。次の問題に答えましょう。

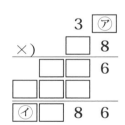

(29) ⑦にあてはまる数を求めましょう。

(30) ⑦にあてはまる数を求めましょう。

第5回　算数検定

6級

検定上の注意
---

1. 検定時間は 50 分です。
2. ものさし・分度器・コンパスを使用することができます。電卓を使用することはできません。
3. 答えはすべて解答用紙に書いてください。
4. 答えが分数になるとき，約分してもっとも簡単な分数にしてください。

＊解答用紙は 191 ページ

Ⓒ 成美堂出版

1 次の計算をしましょう。　　　　　　　　　　　　　（計算技能）

（1）　2.8×3.1

（2）　$0.282 \div 0.06$

（3）　$\dfrac{3}{8} + 1\dfrac{3}{4}$

（4）　$1\dfrac{2}{3} - \dfrac{7}{9}$

（5）　$\dfrac{2}{49} \times 14$

（6）　$\dfrac{5}{6} \div 15$

（7）　$\dfrac{3}{5} \times 1\dfrac{7}{18}$

（8）　$1\dfrac{7}{8} \div \dfrac{3}{4}$

2 次の問題に答えましょう。

（9）　次の（　　）の中の数の最大公約数を求めましょう。

（84，63）

（10）　次の（　　）の中の数の最小公倍数を求めましょう。

（5，9，45）

3 次の比を，もっとも簡単な整数の比にしましょう。

(11)　36 : 48　　　　　　　　　(12)　72 : 6.3

4　次の □ にあてはまる数を求めましょう。

(13)　5 : 2 = □ : 0.8

(14)　6kL = □ m^3

(15)　2km^2 = □ ha

5　銀 1cm^3 あたりの重さは 10.5g です。銀を 60g 買ったら 4200 円でした。このとき，次の問題に答えましょう。

(16)　銀 1g あたりの代金は何円ですか。

(17)　銀 84g の体積は何 cm^3 ですか。

6 なおきさんが洋品店に買い物に行ったところ，割引きセールをしていました。シャツ，ズボンは，上の表のように割引きされていました。

割引きセール

商品	定価	割引き後の値段
シャツ	900 円	720 円
ズボン	2800 円	2380 円

このとき，次の問題に答えましょう。消費税は値段にふくまれているので，考える必要はありません。

（18）　シャツは何割引きで売っていますか。

（19）　ズボンは定価の何％で買えますか。

7 下の図のような方眼に，㋐のような四角形がかいてあります。このとき，次の問題に答えましょう。

（作図技能）

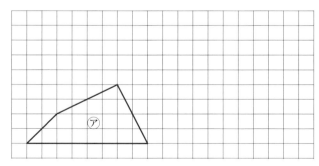

（20）　解答用紙の方眼に，㋐の2倍の拡大図㋑をかきましょう。

（21）　解答用紙の方眼に，㋐の $\frac{1}{2}$ の縮図㋒をかきましょう。

8 　A，B，C，D の4つのチームでバスケットボールの試合をしました。どのチームとも1回ずつ試合をしました。このとき，次の問題に答えましょう。

(22)　各チームはそれぞれ何回ずつ試合をしましたか。

(23)　Aチーム，Bチームがそれぞれ2勝し，Cチームが1勝しました。Dチームは何勝しましたか。ただし，引き分けはありませんでした。

第5回

問題

9 　底辺が $x$cm，高さが 6cm の三角形の面積を $y$cm^2 とします。このとき，次の問題に答えましょう。

(24)　x と y の関係を表す式を作りましょう。

(25)　$x = 7$ のとき，y の値を求めましょう。

(26)　$y = 13.5$ のとき，x の値を求めましょう。

10 　右の図のような立方体の形をした容器に水が入っています。円柱の形をしたおもりを入れたところ，深さが 14cm から 16cm に変わりました。このとき，次の問題に単位をつけて答えましょう。

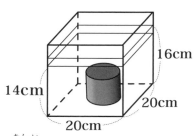

16cm
14cm
20cm
20cm

(27)　おもりの体積は何 cm^3 ですか。

(28)　おもりの円柱の底面積は 80cm^2 です。この円柱の高さは何 cm ですか。この問題は，計算の途中の式と答えを書きましょう。

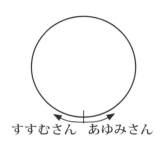

11　すすむさんとあゆみさんは，周囲が 840m の池のまわりを歩きます。すすむさんは毎分 80m，あゆみさんは毎分 60m で歩きます。このとき，次の問題に答えましょう。

すすむさん　あゆみさん

(29)　2 人が同時に同じ場所から反対方向に歩きはじめると，何分後に出会いますか。

(30)　同じ場所から 2 人が同じ方向に進みます。あゆみさんが出発してから 3 分後にすすむさんが出発します。すすむさんは，出発してから何分後にあゆみさんに追いつきますか。

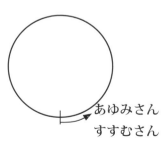

あゆみさん
すすむさん

読んでおぼえよう解法のコツ

6級

解説・解答

本試験と同じ形式の問題5回分のくわしい解説と解答がまとめられています。えん筆と計算用紙を用意して，特に，わからなかった問題やミスをした問題をもう一度たしかめましょう。そうすることにより，算数検定6級合格に十分な実力を身につけることができます。

大切なことは，どうしてまちがえたかをはっきりさせて，同じまちがいをくり返さないようにすることです。そのため，「解説・解答」には，みなさんの勉強を助けるために，次のようなアイテムを入れています。

 問題を解くときに必要な基礎知識や重要なことがらをまとめてあります。

 小宮山先生からのひとことアドバイス

 問題を解くときに大切なポイント

 参考になることがらや発展的，補足的なことがらなど

 問題を解くうえで，知っておくと役に立つことがら

 本問をまちがえた場合のたしかめ問題。この問題を解いてしっかり実力をつけておきましょう。

（難易度） ■■■■：やさしい　■■■■：ふつう　■■■■：むずかしい

1 次の計算をしましょう。 　　　　　　　　　　（計算技能）

☐ **(1)** 　4.2 × 2.3

解き方

《(小数)×(小数)の計算》 ────────────

筆算で計算します。

```
        4 . 2    →小数部分1けた ┐
      × 2 . 3    →小数部分1けた ┤
    ┌─┬─┬─┐
    │1│2│6│
    ├─┼─┼─┤
    │8│4│ │
    ├─┼─┼─┤
    │9.│6│6│  ←小数部分2けた ←┘
    └─┴─┴─┘
```

4.2 × 2.3 = 9.66 　……**答**

> 小数点の位置に注意！

まとめ

小数のかけ算の筆算のしかた

① 　小数がないものとして，整数のかけ算と同じように計算します。

② 　積の小数点は，積の小数部分のけた数が，かけられる数とかける数の小数部分のけた数の和になるようにうちます。

例
```
        0 . 4 3   →小数部分2けた ┐
      ×     3 . 5   →小数部分1けた ┤
        2 1 5
      1 2 9
      1 . 5 0 5   ←小数部分3けた ←┘
```

解答→ p.180

① 3.4×0.5

② 4.4×1.2

③ 5.6×8.3

□ (2)　$1.53 \div 0.18$

解き方

《(小数)÷(小数)の計算》

筆算で計算します。

```
           8.5      ←③わられる数の小数点の位置に合わせます。
0.18)1.53 0     ←①わる数が整数になるように，小数点を右
     1 4 4             に移します。
         9 0        ②わられる数の小数点も同じけただけ右に
         9 0             移します。
           0
```

①，②，③の順
に計算します。

$1.53 \div 0.18 = \boxed{8.5}$ …… **答**

 小数のわり算の筆算のしかた

① わる数が整数になるように，小数点を右に移します。

② わられる数の小数点も，①で移した分だけ右に移します。

③ 商の小数点は，わられる数の移した小数点にそろえてうちます。

例

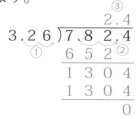

```
              ③
            2.4
3.26)7.82 4
   ①  6 5 2 ②
     1 3 0 4
     1 3 0 4
           0
```

① 4.62 ÷ 0.8 ② 7.31 ÷ 1.7

① (2)

解答→ p.180 ③ 24.32 ÷ 6.4

□ (3) $\dfrac{1}{3} + \dfrac{11}{15}$

解き方

《分数のたし算》 —————————————

$\dfrac{1}{3} + \dfrac{11}{15}$ ⎫
⎬ 3 と 15 の最小公倍数 15 を共通な分母にして通分
$= \dfrac{\boxed{5}}{15} + \dfrac{11}{15}$ ⎭ します。

$= \dfrac{\boxed{5} + 11}{15}$ ←分子どうしをたします。

$= \dfrac{\boxed{16}}{15} \left(1\dfrac{1}{15} \right)$ …… **答**

> 分母がちがう分数の
> たし算は，通分して
> から分子どうしをた
> します。

まとめ

分数のたし算

　分母のちがう分数のたし算は，通分して計算します。

例 $\dfrac{1}{4} + \dfrac{2}{3} = \dfrac{3}{12} + \dfrac{8}{12} = \dfrac{11}{12}$

　　　　4 と 3 の最小公倍数 12 を共通な分母にして通分します。

① (3)

解答→ p.180 ① $\dfrac{3}{8} + \dfrac{1}{6}$ ② $\dfrac{3}{4} + \dfrac{5}{6}$ ③ $\dfrac{4}{9} + \dfrac{4}{15}$

□ (4) $2\dfrac{3}{8} - \dfrac{5}{12}$

《分数のひき算》———————————————————

$$2 \frac{3}{8} - \frac{5}{12}$$

通分します。

$$= 2 \frac{9}{24} - \frac{10}{24}$$

分数部分でひけないから，$2\frac{9}{24}$ を仮分数になおします。

$$= 1 \frac{33}{24} - \frac{10}{24}$$

$$= 1 \frac{23}{24} \quad \cdots\cdots \text{答}$$

分数のひき算

分母のちがう分数のひき算は，通分して計算します。

例 $\dfrac{2}{3} - \dfrac{2}{5} = \dfrac{10}{15} - \dfrac{6}{15} = \dfrac{4}{15}$

3 と 5 の最小公倍数 15 を共通な分母にして通分します。

たしかめよう
1 (4)
解答→ p.180
① $\dfrac{3}{4} - \dfrac{1}{6}$ ② $\dfrac{8}{9} - \dfrac{5}{6}$ ③ $2 \dfrac{5}{14} - \dfrac{8}{21}$

□ (5) $\dfrac{8}{15} \times 5$

《（分数）×（整数）の計算》———————————————

$$\frac{8}{15} \times 5$$

整数を分子にかけ，約分します。

$$= \frac{8 \times \overset{1}{5}}{\underset{3}{15}}$$

ポイント
計算の途中で約分できるときは約分します。

$$= \frac{8}{3} \quad \left(2 \frac{2}{3}\right) \quad \cdots\cdots \text{答}$$

分数×整数の計算

分数に整数をかける計算では，分母はそのままにして，分子に整数をかけます。

$$\frac{b}{a} \times c = \frac{b \times c}{a}$$

1(5)
解答→ p.180
① $\dfrac{1}{27} \times 15$　　② $\dfrac{5}{36} \times 9$　　③ $1\dfrac{3}{8} \times 2$

□ (6) $\dfrac{4}{11} \div 8$

《(分数)÷(整数)の計算》

$\dfrac{4}{11} \div 8$

整数を分母にかけ，約分します。

$= \dfrac{\overset{\boxed{1}}{\cancel{4}}}{11 \times \underset{\boxed{2}}{\cancel{8}}} = \boxed{\dfrac{1}{22}}$ …… 答

 分数÷整数の計算

分数を整数でわる計算では，分子はそのままにして，分母に整数をかけます。

$$\frac{b}{a} \div c = \frac{b}{a \times c}$$

1(6)
解答→ p.180
① $\dfrac{12}{13} \div 8$　　② $\dfrac{14}{9} \div 21$　　③ $1\dfrac{2}{7} \div 18$

□ (7)　$\dfrac{4}{9} \times \dfrac{7}{16}$

 解き方

《(分数)×(分数)の計算》 ────────────────

$\dfrac{4}{9} \times \dfrac{7}{16}$ ⎫
　　　　　　　　⎬ 分母どうし，分子どうしをかけます。
$= \dfrac{\overset{1}{4} \times 7}{9 \times \underset{4}{16}}$ ←約分します。

> 途中で約分すると，計算が簡単になります。

$= \boxed{\dfrac{7}{36}}$ …… 答

──ワンポイント・アドバイス──
計算の進め方

　約分をするとき，次のどちらの方法でもかまいません。慣れている方法で計算しましょう。

$$\dfrac{9}{14} \times \dfrac{2}{3} = \dfrac{\overset{3}{\cancel{9}} \times \overset{1}{\cancel{2}}}{\underset{7}{\cancel{14}} \times \underset{1}{\cancel{3}}} = \dfrac{3}{7} \qquad \dfrac{\overset{3}{\cancel{9}}}{\underset{7}{\cancel{14}}} \times \dfrac{\overset{1}{\cancel{2}}}{\underset{1}{\cancel{3}}} = \dfrac{3}{7}$$

 まとめ **分数×分数の計算**

　分数に分数をかける計算では，分母どうし，分子どうしをかけます。

$$\dfrac{b}{a} \times \dfrac{d}{c} = \dfrac{b \times d}{a \times c}$$

 たしかめよう
１(7)
解答→ p.180

① $\dfrac{3}{5} \times \dfrac{5}{12}$　　　② $\dfrac{14}{9} \times \dfrac{3}{8}$　　　③ $1\dfrac{4}{5} \times \dfrac{5}{9}$

□ (8) $3\frac{3}{4} \div \frac{5}{8}$

解き方

《(分数)÷(分数)の計算》 ━━━━━━━━━━ 🔲🔲🔲🔳

$3\frac{3}{4} \div \frac{5}{8}$

　　　帯分数は仮分数になおします。

$= \boxed{\dfrac{15}{4}} \div \dfrac{5}{8}$

　　　わる数の逆数をかけます。

$= \boxed{\dfrac{15}{4}} \times \boxed{\dfrac{8}{5}}$

約分を忘れずに！

$= \dfrac{\overset{\boxed{3}}{15} \times \overset{\boxed{2}}{8}}{\underset{\boxed{1}}{4} \times \underset{\boxed{1}}{5}}$ ……約分します。

$= \boxed{6}$ …… **答**

まとめ

逆数

　2つの数の積が1になるとき，一方の数を他方の数の**逆数**といいます。

　分数の逆数は，分母と分子を入れかえた数になります。

例　$\dfrac{2}{3}$ の逆数 → $\dfrac{3}{2}$　　　　$\dfrac{3}{2}$ の逆数 → $\dfrac{2}{3}$

　　　1の逆数 → 1　　0.5の逆数 $\left(\dfrac{1}{2}$ の逆数$\right)$ → 2

　　　0.1の逆数 $\left(\dfrac{1}{10}$ の逆数$\right)$ → 10

分数÷分数の計算

　分数でわる計算では，わる数の逆数をかけるかけ算になおして計算します。

$$\dfrac{b}{a} \div \dfrac{d}{c} = \dfrac{b}{a} \times \dfrac{c}{d}$$

① $\dfrac{8}{15} \div \dfrac{4}{9}$ ② $\dfrac{12}{7} \div \dfrac{8}{7}$ ③ $3\dfrac{3}{4} \div \dfrac{5}{8}$

解答→p.180

2 次の問題に答えましょう。

□（9） 次の（　　）の中の数の最大公約数を求めましょう。

（36, 20）

解き方

《最大公約数》 ──────────────────

それぞれの約数を書きだします。

36 の約数……1, ②, 3, ④, 6, 9, 12, 18, 36

20 の約数……1, ②, ④, 5, 10, 20

したがって，最大公約数は④

答 ④

別の
解き方

```
2 ) 36   20   ……公約数 2 でわります。
2 ) 18   10   ……公約数 2 でわります。
    9    5    ……公約数は 1 以外にありません。
```

最大公約数は ②×②＝④

答 ④

「別の解き方」の最大公約数の求め方を覚えておきましょう。

ワンポイント・アドバイス

上の「解き方」に示した約数を小さい順に並べていく方法は，最大公約数の意味を理解するうえでは重要ですが，実際の試験では，短時間で確実に解ける「別の解き方」の方法を身につけておくことが大切です。

約数

　ある整数をわりきることができる整数を，もとの整数の約数といいます。

例　12 の約数は，1，2，3，4，6，12

公約数

　いくつかの整数に共通な約数を，それらの整数の公約数といいます。

最大公約数

　公約数のうち，いちばん大きい公約数を最大公約数といいます。

最大公約数の求め方

例　12 と 16 の最大公約数の求め方①

　　それぞれの約数を書きだします。

　　12 の約数……1，2，3，4，6，12

　　16 の約数……1，2，4，8，16

　　したがって，最大公約数は 4

例　12 と 16 の最大公約数の求め方②

```
 2 )  12   16  ……公約数2でわります。
 2 )   6    8  ……公約数2でわります。
       3    4  ……公約数は1以外にありません。
```

　　最大公約数は，2 × 2 = 4

解答→ p.180

　次の（　）の中の数の最大公約数を求めましょう。

①　（18，24）

②　（16，20，28）

□ （10） 次の（　　）の中の数の最小公倍数を求めましょう。

（9，12，18）

《最小公倍数》 ──────────────

それぞれの倍数を書きだします。

9 の倍数 …… 9 , 18, 27, 36 , 45, 54 , …

12 の倍数…… 12, 24, 36 , 48 , 60, …

18 の倍数…… 18, 36 , …

したがって，最小公倍数は 36

答 36

別の
解き方

3）	9	12	18	…3つの数 9, 12, 18 の公約数 3 でわります。
2）	3	4	6	…4 と 6 の公約数 2 でわります。
3）	3	2	3	…3 と 3 の公約数 3 でわります。
	1	2	1	

最小公倍数は　3×2×3× 1 × 2 × 1 ＝ 36

答 36

 「別の解き方」の最小公倍
数の求め方を覚えておきま
しょう。

ワンポイント・アドバイス

　最大公約数の場合と同じように，上の「解き方」に示し
た倍数を小さい順に並べていく方法は，最小公倍数の意味
を理解するうえでは重要ですが，試験では短時間で確実に
解ける「別の解き方」の方法を身につけておくことが大切
です。

倍数

ある整数を整数倍してできる数を，もとの整数の倍数といいます。

例 3の倍数は，3，6，9，12，15，18，……

公倍数

いくつかの整数に共通な倍数を，それらの整数の公倍数といいます。

最小公倍数

公倍数のうち，いちばん小さい公倍数を最小公倍数といいます。

最小公倍数の求め方

例 4と6と9の最小公倍数の見つけ方①

4の倍数 ……4，8，12，16，20，24，28，32，36，…

6の倍数 …… 6，12，18，24，30，36，…

9の倍数 …… 9，18，27，36，…

したがって，最小公倍数は36

例 4と6と9の最小公倍数の見つけ方②

```
2 )  4   6   9 ……4と6の公約数2でわります。
3 )  2   3   9 ……3と9の公約数3でわります。
     2   1   3
```

最小公倍数は，$2 \times 3 \times 2 \times 1 \times 3 = 36$

解答→ p.180

次の（　　）の中の数の最小公倍数を求めましょう。

① （18，24）　　　② （8，12，20）

3 次の比を，もっとも簡単な整数の比にしましょう。

□ (11) 28：63

解き方 《比を簡単にする》 ────────────

28：63

＝（28 ÷ ⎣7⎦）：（63 ÷ ⎣7⎦）……28 と 63 の最大公約数 7 で
＝ ⎣4⎦：⎣9⎦　　　　　　　　　　　　　　わります。

答 ⎣4⎦：⎣9⎦

□ (12) 2.1：9

解き方 《比を簡単にする》 ────────────

2.1：9

＝ ⎣21⎦：⎣90⎦ ⎞10 倍して整数の比で表します。

＝（21 ÷ ⎣3⎦）：（90 ÷ ⎣3⎦）　…21 と 90 の最大公約数 3 でわります。

＝ ⎣7⎦：⎣30⎦　　　　　　　　　　　**答** ⎣7⎦：⎣30⎦

比の性質

$a:b$ の a, b に同じ数をかけたり，a, b を同じ数でわっ
たりしてできる比は，すべて **等しい比** になります。

比を簡単にする

比を，それと等しい比で，できるだけ小さい整数の
比で表すことを，**比を簡単にする**といいます。

たしかめよう

3
解答→ p.180

次の比を，もっとも簡単な整数の比にしましょう。

① 72：45　　　　② 1.8：21

4 次の □ にあてはまる数を求めましょう。

□ (13) $6 : 7 = $ □ $: 63$

解き方 《等しい比》 ─────────────────────────── ◖◗◖◗

6 : 7 に同じ数をかけたり，6 : 7 を同じ数でわったりしてできる比は，6 : 7 と等しい比になります。

$$\overset{\times 9}{\overgroup{6 : 7 = \square : 63}} \quad \begin{array}{l} \cdots 63\text{は7の9倍ですから,} \\ \cdots \square \text{は6を9倍した数} \end{array}$$

$$\underset{\times 9}{}$$

$$\square = 6 \times \boxed{9} = \boxed{54} \qquad \text{答} \quad \boxed{54}$$

たしかめよう
4(13)
解答→p.180

次の □ にあてはまる数を求めましょう。

① $9 : 14 = $ □ $: 98$

② $5.5 : 8 = 22 : $ □

□ (14) $160\text{cm} = $ □ m

解き方 《長さの単位》 ─────────────────────── ◖◗◖◗

$100\text{cm} = 1\text{m}$ ですから，60cm は $\boxed{0.6}$ m です。

$$160\text{cm} = \boxed{1.6}\text{m} \qquad \text{答} \quad \boxed{1.6}\text{m}$$

□ (15) $5\text{m}^3 = $ □ cm^3

解き方 《体積の単位》 ─────────────────────── ◖◗◖◗

$1\text{m}^3 = 1000000\text{cm}^3$ ですから，

$$5\text{m}^3 = \boxed{5000000}\text{cm}^3$$

$$\text{答} \quad \boxed{5000000}\text{cm}^3$$

1辺が100cmの立方体の体積が1m³ですね。

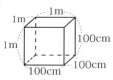

ワンポイント・アドバイス

下のような表をつくって考えると便利です。

		km			m		cm	mm
					1	6	0	

	m³						cm³
	5	0	0	0	0	0	0

$1m^3 = 100cm \times 100cm \times 100cm$

$\qquad = 1000000cm^3$

 まとめ

長さの単位

$1cm = 10mm, \quad 1m = 100cm, \quad 1km = 1000m$

体積の単位

$1m^3 = 1000000cm^3, \quad 1L = 1000cm^3,$

$1dL = 100cm^3, \quad 1L = 10dL, \quad 1kL = 1000L = 1m^3$

 たしかめよう

4 (14)(15)

解答→ p.180

次の □ にあてはまる数を求めましょう。

① $80m = \boxed{}cm$

② $0.4m^3 = \boxed{}cm^3$

5 まゆみさんの住んでいる町の面積は 25km² です。住宅地の面積は 5km² で，畑の面積は，町の面積の 30% です。このとき，次の問題に答えましょう。

□（16）　住宅地の面積は，町の面積の何%ですか。

《単位量あたりの大きさ》 ────────

比べられる量　もとにする量　割合

$$5 \div \boxed{25} = \boxed{0.2}$$

割合の $\boxed{0.2}$ は，百分率では $\boxed{20}$ ％ です。　　**答**　$\boxed{20}$％

□（17）　畑の面積は何 km² ですか。

 《単位量あたりの大きさ》 ────────

30％は，割合で表すと $\boxed{0.3}$ です。

もとにする量　割合　比べられる量

$$25 \times \boxed{0.3} = \boxed{7.5}$$　　　$\boxed{7.5}$ km²

　割合，比べられる量，もとにする量の求め方

割合＝比べられる量÷もとにする量

比べられる量＝もとにする量×割合

もとにする量＝比べられる量÷割合

解答→p.180

こうたさんの住んでいる町の面積は 30km² です。住宅地の面積は 6km² で，畑の面積は，町の面積の 25％です。このとき，次の問題に答えましょう。

①　住宅地の面積は，町の面積の何％ですか。

②　畑の面積は何 km² ですか。

6 あるスポーツ店にサッカーボールを買いに行きました。このお店では，商品の値段に，値段の 10%の消費税を加えて代金をはらいます。2500円のサッカーボールを買うとき，次の問題に答えましょう。

□（18） このサッカーボールを買うとき，消費税を加えた代金は何円ですか。

《割合》

商品の値段に，10%の消費税を加えると

$$2500 \times (1 + \boxed{0.1}) = 2500 \times \boxed{1.1} = \boxed{2750} \text{（円）}$$

答 $\boxed{2750}$ 円

□（19） 消費税は現在 10%ですが，以前は 8%でした。このサッカーボールを消費税が 8%のときに買うときと比べて，10%のときに買う代金は何円高いですか。

《割合》

消費税の差は，$10 - 8 = 2$ （%）ですから，商品の値段の 2%分高くなります。

$$2500 \times (0.1 - \boxed{0.08}) = 2500 \times \boxed{0.02} = \boxed{50} \text{（円）}$$

答 $\boxed{50}$ 円

たしかめよう
6
解答→ p.180

750 円の商品を買うとき，商品の値段に 10% の消費税を加えた代金は何円ですか。

7 右の図のような五角柱について，次の問題に答えましょう。

□ (20) 辺は何本ありますか。

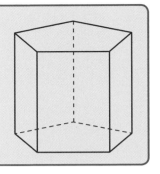

 《立体》

底面は五角形ですから，五角柱の辺の数は，

$5 \times \boxed{3} = \boxed{15}$ （本）

答　$\boxed{15}$ 本

□ (21) 側面はいくつありますか。

 《立体》

上下に向かい合った面が底面で，まわりの面が側面ですから，側面は $\boxed{5}$ つあります。

答　$\boxed{5}$ つ

 角柱の性質

・2つの底面は合同な多角形です。

・2つの底面は平行です。

・側面は長方形か正方形です。

・頂点の数は，底面の多角形の頂点の数×2

・辺の数は，底面の多角形の辺の数×3

・面の数は，底面の多角形の辺の数＋2

次の問題に答えましょう。

① 六角柱の辺は何本ありますか。

解答→p.180

② 六角柱の側面はいくつありますか。

③ 六角柱の頂点の数はいくつありますか。

---

8 右の表はかずきさんのクラスの男子の体重の記録です。このとき，次の問題に答えましょう。 （統計技能）

体重の記録

体重（kg）	人数（人）
25 以上 ～ 30 未満	2
30 ～ 35	4
35 ～ 40	6
40 ～ 45	3
45 ～ 50	3
50 ～ 55	2
合計	20

☐ （22） いちばん人数の多いはんいは何 kg 以上何 kg 未満ですか。

 《度数分布表》 ——————————

いちばん人数の多いのは 6 人の 35 kg 以上 40 kg 未満のはんいです。

答 35 kg 以上 40 kg 未満

☐ （23） 40kg 以上 45kg 未満の人は，全体の何％ですか。

 《度数分布表》 ——————————

40kg 以上 45kg 未満の人数は 3 人で，人数の合計は 20 人です。したがって，

$$3 \div 20 = 0.15$$

比べられる量　もとにする量　割合

割合の $\boxed{0.15}$ は，百分率では $\boxed{15}$ ％です。

答 $\boxed{15}$ ％

度数分布表は，資料の分布のようす，つまりちらばりのようすを表すのに便利ですね。

ワンポイント・アドバイス
　割合に 100 をかければ百分率になります。
　$3 \div 20 \times 100 = 15$（％）

まとめ

度数分布表

　前ページのように，記録をいくつかのはんいに区切って，資料のちらばりのようすを表した表を**度数分布表**といいます。

以上・以下・未満

　「35kg 以上」は 35kg か，35kg より重いことを表しています。「40kg 以下」は 40kg か，40kg より軽いことを表しています。また，「40kg 未満」は 40kg より軽いことを表し，40kg はふくみません。

　以上，以下……その数をふくむ。

　未満……その数をふくまない。

ヒストグラム

　度数分布表をもとにしてつくった，資料のちらばりのようすを表したグラフを**ヒストグラム**といいます。

解答→p.180

右の表はゆりえさんのクラスの女子のソフトボール投げの記録です。このとき，次の問題に答えましょう。

ソフトボール投げの記録

きょり（m）	人数（人）
0 以上 ～ 5 未満	1
5 ～ 10	2
10 ～ 15	5
15 ～ 20	7
20 ～ 25	4
25 ～ 30	1
合計	20

① いちばん人数の多いはんいは何 m 以上何 m 未満ですか。

② 10m 未満の人は，全体の何％ですか。

③ ゆりえさんの記録は，きょりの長いほうから数えて 5 番めです。ゆりえさんは何 m 以上何 m 未満のはんいに入っていますか。

9 右のような図形があります。このとき，次の問題に単位をつけて答えましょう。ただし，円周率は3.14とします。

□（24） 色のついた部分のまわりの長さを求めましょう。

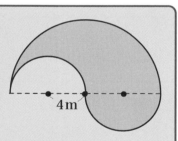

4m

色のついた部分のまわりの長さは，半径 4 m の円周の長さと半径 8 m の円周の長さの半分の和です。

半径 4 m の円周の長さは，

$$\boxed{4} \times 2 \times 3.14 = \boxed{25.12} \,(m)$$

半径 8 m の円周の長さの半分は，

$$\boxed{8} \times 2 \times 3.14 \div 2 = \boxed{25.12} \,(m)$$

したがって，色のついた部分のまわりの長さは，

$$\boxed{25.12} + \boxed{25.12} = \boxed{50.24} \,(m)$$

答 $\boxed{50.24 \text{ m}}$

図形をおきかえて考えましょう。

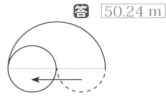

□（25） 色のついた部分の面積を求めなさい。この問題は，計算の途中の式と答えを書きましょう。

《円の面積》

色のついた部分の面積は，半径 8m の半円の面積と同じです。したがって，

$$\boxed{8} \times \boxed{8} \times 3.14 \div 2 = \boxed{100.48} \,(m^2)$$

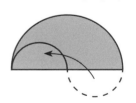

答 $\boxed{100.48 \text{ m}^2}$

円周の長さ

　　円周の長さ＝直径×円周率

　　円の面積＝半径×半径×円周率

解答→ p.181

　　右のような図形があります。このとき，次の問題に答えましょう。ただし，円周率は 3.14 とします。

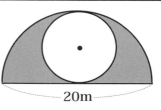
20m

①　色のついた部分のまわりの長さを求めましょう。

②　色のついた部分の面積を求めなさい。

10　右の地図は，2 万分の 1 の縮尺です。次の問題に答えましょう。

お店
公園
交差点
家

□（26）　縮図で家から交差点までの長さは 2.5cm，交差点からお店までの長さは 2.8cm です。実際の家からお店までの道のりは何 m ですか。

解き方

《縮尺》　

縮図では，家からお店までの道のりは

　　2.5 ＋ 2.8 ＝ 5.3 （cm）

2 万分の 1 の縮尺ですから，実際の道のりは

　　5.3 × 20000 ＝ 106000 （cm） ＝ 1060 （m）

答　1060 m

□（27） 実際の家から公園までの道のりは 1280m です。
縮図にすると何 cm ですか。

《縮尺》

　2 万分の 1 の縮尺ですから，1280m の道のりは，縮図にすると

　　1280 ÷ $\boxed{20000}$ ＝ $\boxed{0.064}$ （m）＝ $\boxed{6.4}$ （cm）

 $\boxed{6.4}$ cm

 縮尺

　実際の長さを縮めた割合のことを，縮尺といい，次のような表し方があります。

㋐　$\dfrac{1}{10000}$

> 縮図上では，実際の長さの $\dfrac{1}{10000}$ に縮めている。

㋑　1：10000

> 縮図上の長さと実際の長さの比が 1：10000 である。

㋒　0 ―――――― 50m

> 縮図上で太線の長さが，実際の 50m。

⑨の地図の縮尺が，1：5000 のとき，次の問題に答えましょう。

① 縮図で家から交差点までの長さは 2.5cm，交差点からお店までの長さは 2.8cm です。実際の家からお店までの道のりは何 m ですか。

② 実際の公園から交差点までの道のりは 195m です。縮図にすると何 cm ですか。

---

11 水そうに水を入れるのに，太い管では 12 分，細い管では 15 分間かかります。このとき，次の問題に答えましょう。

□（28） 太い管だけを使うとき，1 分間に入る水の量は全体のどれだけですか。

 解き方

《全体の量を 1 とする》────────────

全体の量（水そういっぱいの水の量）を 1 とします。

 12 分で水そうがいっぱいになるから，1 分間に入る水の量は，全体の量÷ 12 で求めることができます。

$$\boxed{1} \div \boxed{12} = \boxed{\dfrac{1}{12}} \qquad 答 \boxed{\dfrac{1}{12}}$$

□（29） 太い管と細い管をいっしょに使うとき，1 分間に入る水の量は全体のどれだけですか。

 解き方

《全体の量を 1 とする》────────────

1 分間に入る水の量は，太い管だけを使うとき，（28）

から，全体の $\dfrac{1}{12}$

細い管だけを使うとき，　$\boxed{1} \div \boxed{15} = \dfrac{1}{15}$

したがって，太い管と細い管をいっしょに使うとき，1分間に入る水の量は，

$$\dfrac{1}{12} + \dfrac{1}{15} = \dfrac{5}{60} + \dfrac{4}{60}$$

$$= \dfrac{9}{60} = \dfrac{3}{20} \qquad \text{答} \quad \dfrac{3}{20}$$

□（30）　太い管と細い管をいっしょに使うと，何分何秒でいっぱいになりますか。

《全体の量を1とする》———————————

太い管と細い管をいっしょに使ったときの1分間に入る水の量は，（29）から，$\dfrac{3}{20}$

したがって，水そうがいっぱいになるまでの時間は，全体の量÷1分間に入る水の量 で，全体の量は1と仮定しているから，

$$\boxed{1} \div \dfrac{3}{20} = \boxed{1} \times \dfrac{20}{3}$$

$$= \dfrac{20}{3} = 6\dfrac{2}{3}$$

$$= 6\dfrac{40}{60}（分）$$

$\dfrac{40}{60}$分は $\boxed{40}$ 秒です。

「分」の単位で表された時間を「秒」の単位で表すときは，分母を60とする分数で表すとわかりやすくなります。

ポイント

答　$\boxed{6}$分$\boxed{40}$秒

全体の量を 1 とする

　割合を表すとき，全体の量を 1 とみて分数で表すことがあります。分数は，もとにする量を 1 とみたときの割合と考えることができます。

割合，比べられる量，もとにする量

　　　割合＝比べられる量÷もとにする量

　　　比べられる量＝もとにする量×割合

　　　もとにする量＝比べられる量÷割合

---

⑪
解答→p.181

　ある仕事をするのに，A 1 人では 15 日かかり，B 1 人では 10 日かかります。このとき，次の問題に答えましょう。

① この仕事を A，B の 2 人ですると，1 日で全体のどれだけできますか。

② この仕事を 2 人で仕上げるには何日かかりますか。

第2回　解説・解答

1 次の計算をしましょう。　　　　　　　　　（計算技能）

□ (1)　**0.06 × 0.5**

解き方

《(小数)×(小数)の計算》　　　　　　　　　　　⬜⬜⬜

筆算で計算します。

```
    0．0 6　→小数部分2けた ┐
  ×　 0．5　→小数部分1けた ┤
  0.0 3 0　←小数部分3けた ←┘
```

0.06 × 0.5 ＝ 0.03 　……**答**

まとめ

小数のかけ算の筆算のしかた

① 小数がないものとして，整数のかけ算と同じように計算します。

② 積の小数点は，積の小数部分のけた数が，かけられる数とかける数の小数部分のけた数の和になるようにうちます。

例
```
      0．0　4　→小数部分2けた ┐
    ×　  1．5　→小数部分1けた ┤
        2　0
        4
    0．0　6　0　←小数部分3けた ←┘
```

たしかめ
よう
1(1)
解答→ p.181

①　5.8 × 0.8　　　　②　8.2 × 0.5

③　0.07 × 1.6

□ （2）　17.38 ÷ 7.9

解き方

《（小数）÷（小数）の計算》—————————— ◻◻◻◻

筆算で計算します。

```
        2.2   ←③わられる数の小数点の位置に合わせます。
7.9）17.3.8   ←①わる数が整数になるように，小数点を右に移します。
    15 8         ②わられる数の小数点も同じけただけ右に移します。
    1 5 8
    1 5 8
        0
```

$$17.38 ÷ 7.9 = \boxed{2.2} \cdots\cdots 答$$

まとめ

小数のわり算の筆算のしかた

① わる数が整数になるように，小数点を右に移します。

② わられる数の小数点も，①で移した分だけ右に移します。

③ 商の小数点は，わられる数の移した小数点にそろえてうちます。

例

```
              ③
           2.4
3.26）7.8 2.4
  ①   6 5 2 ②
      1 3 0 4
      1 3 0 4
            0
```

たしかめよう
1 (2)
解答→p.181

① 2.73 ÷ 0.7　　　② 26.46 ÷ 4.9

③ 11.04 ÷ 1.6

□ （3）　$\dfrac{3}{8} + \dfrac{1}{6}$

《分数のたし算》

$$\frac{3}{8}+\frac{1}{6}$$

8と6の最小公倍数 24 を共通な分母にして通分します。

$$=\frac{\boxed{9}}{24}+\frac{\boxed{4}}{24}$$

分子どうしをたします。

$$=\frac{\boxed{9}+\boxed{4}}{24}$$

分母がちがう分数のたし算は，通分してから分子どうしをたします。

$$=\frac{\boxed{13}}{24} \quad\cdots\cdots 答$$

分数のたし算

まとめ

分母のちがう分数のたし算は，通分して計算します。

例 $\dfrac{1}{4}+\dfrac{2}{3}=\dfrac{3}{12}+\dfrac{8}{12}=\dfrac{11}{12}$

4と3の最小公倍数 12 を共通な分母にして通分します。

①(3)
解答→ p.181

① $\dfrac{2}{3}+\dfrac{5}{6}$ ② $\dfrac{5}{12}+\dfrac{3}{4}$ ③ $1\dfrac{1}{8}+2\dfrac{3}{4}$

□(4) $1\dfrac{2}{9}-\dfrac{5}{6}$

 《分数のひき算》

$$1\frac{2}{9}-\frac{5}{6}$$

通分します。

$$=1\frac{\boxed{4}}{18}-\frac{\boxed{15}}{18}$$

分数部分でひけないから，$1\dfrac{4}{18}$ を仮分数になおします。

$$=\frac{\boxed{22}}{18}-\frac{\boxed{15}}{18}$$

$$= \boxed{\dfrac{7}{18}} \cdots\cdots 答$$

 分数のひき算

分母のちがう分数のひき算は，通分して計算します。

例 $\dfrac{2}{3} - \dfrac{2}{5} = \dfrac{10}{15} - \dfrac{6}{15} = \dfrac{4}{15}$

3 と 5 の最小公倍数 15 を共通な分母にして通分します。

解答→ p.181

① $\dfrac{5}{7} - \dfrac{2}{5}$　　② $\dfrac{3}{2} - \dfrac{9}{10}$　　③ $2\dfrac{2}{7} - \dfrac{3}{5}$

□ (5) $\dfrac{3}{28} \times 7$

 《（分数）×（整数）の計算》

$$\dfrac{3}{28} \times 7$$

整数を分子にかけ，約分します。

$$= \dfrac{3 \times \overset{\boxed{1}}{\cancel{7}}}{\underset{\boxed{4}}{28}}$$

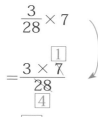
ポイント
計算の途中で約分できるときは約分します。

$$= \boxed{\dfrac{3}{4}} \cdots\cdots 答$$

 分数×整数の計算

分数に整数をかける計算では，分母はそのままにして，分子に整数をかけます。

$$\dfrac{b}{a} \times c = \dfrac{b \times c}{a}$$

問題 ◁ p.24 **77**

① $\dfrac{1}{27} \times 9$ ② $\dfrac{9}{28} \times 7$ ③ $1\dfrac{3}{4} \times 12$

解答→ p.181

□ (6) $3\dfrac{3}{4} \div 10$

《(分数)÷(整数)の計算》

$3\dfrac{3}{4} \div 10$

帯分数を仮分数になおします。

$= \dfrac{15}{4} \div 10$

整数を分母にかけ，約分します。

$= \dfrac{\boxed{15}^{\boxed{3}}}{4 \times 10_{\boxed{2}}}$

$= \dfrac{\boxed{3}}{\boxed{8}}$ …… 答

帯分数のわり算は，仮分数になおして計算します。

分数÷整数の計算

分数を整数でわる計算では，分子はそのままにして，分母に整数をかけます。

$$\dfrac{b}{a} \div c = \dfrac{b}{a \times c}$$

① $\dfrac{5}{14} \div 30$ ② $\dfrac{13}{2} \div 39$

解答→ p.181

③ $1\dfrac{5}{7} \div 24$

□ (7) $1\dfrac{1}{6} \times \dfrac{3}{14}$

解き方

《(分数)×(分数)の計算》

$1\dfrac{1}{6} \times \dfrac{3}{14}$

　　帯分数を仮分数になおします。

$= \dfrac{\boxed{7}}{\boxed{6}} \times \dfrac{3}{14}$

　　分母どうし，分子どうしをかけます。

$= \dfrac{\overset{\boxed{1}}{7} \times \overset{\boxed{1}}{3}}{\underset{\boxed{2}}{6} \times \underset{\boxed{2}}{14}}$　←約分します。

$= \dfrac{\boxed{1}}{\boxed{4}}$　……答

途中で約分すると，計算が簡単になります。

分数×分数の計算

まとめ

　分数に分数をかける計算では，分母どうし，分子どうしをかけます。

$$\dfrac{b}{a} \times \dfrac{d}{c} = \dfrac{b \times d}{a \times c}$$

たしかめよう

1(7)

解答→ p.181

① $\dfrac{7}{12} \times \dfrac{4}{7}$　　　　② $\dfrac{15}{8} \times \dfrac{3}{20}$

③ $1\dfrac{3}{4} \times 1\dfrac{3}{7}$

□ (8) $1\dfrac{2}{5} \div 2\dfrac{1}{7}$

 《(分数)÷(分数)の計算》 ───────────

$1\dfrac{2}{5} \div 2\dfrac{1}{7}$

帯分数を仮分数になおします。

$= \dfrac{7}{5} \div \boxed{\dfrac{15}{7}}$

わる数の逆数をかけます。

$= \dfrac{7}{5} \times \boxed{\dfrac{7}{15}}$

$= \dfrac{7 \times 7}{5 \times 15}$

$= \boxed{\dfrac{49}{75}}$ ……答

逆数

2つの数の積が1になるとき，一方の数を他方の数の逆数といいます。

分数の逆数は，分母と分子を入れかえた数になります。

例　$\dfrac{2}{3}$ の逆数 → $\dfrac{3}{2}$　　$\dfrac{3}{2}$ の逆数 → $\dfrac{2}{3}$　　1 の逆数 → 1

1 (8)
解答→ p.181

① $\dfrac{8}{15} \div \dfrac{4}{5}$　　② $\dfrac{9}{16} \div \dfrac{3}{4}$　　③ $1\dfrac{1}{8} \div \dfrac{3}{16}$

2 次の問題に答えましょう。

□ (9) 次の（　）の中の数の最大公約数を求めましょう。

(16，24)

《最大公約数》 ───────────────────

それぞれの約数を書きだします。

16 の約数…1, 2, 4, 8, 16

24 の約数…1, 2, 3, 4, 6, 8, 12, 24

したがって, 最大公約数は 8　　　　　　　　答　8

```
2) 16   24  ……公約数2でわります。
2)  8   12  ……公約数2でわります。
2)  4    6  ……公約数2でわります。
    2    3  ……公約数は1以外にありません。
```

最大公約数は　2 × 2 × 2 = 8

答　8

✎ **最大公約数の求め方**

まとめ 例　12 と 16 の最大公約数

```
2) 12   16  ……公約数2でわります。
2)  6    8  ……公約数2でわります。
    3    4  ……公約数は1以外にありません。
```

最大公約数は, 2 × 2 = 4

2(9)

解答→ p.181

次の（　　）の中の数の最大公約数を求めましょう。

①　(24, 30)　　　　　②　(16, 48, 56)

□(10)　次の（　　）の中の数の最小公倍数を求めましょう。

(9, 18, 24)

第2回

解説・解答

《最小公倍数》————————————

それぞれの倍数を書きだします。

9 の倍数 … 9, 18, 27, 36, 45, 54, 63, $\boxed{72}$, …

18 の倍数 …18, 36, 54, $\boxed{72}$, …

24 の倍数 … 24, 48 , $\boxed{72}$, …

したがって, 最小公倍数は $\boxed{72}$

答　$\boxed{72}$

```
3) 9   18   24  ……3つの数の公約数3でわります。
2) 3    6    8  ……2つの数 6, 8 の公約数 2 でわります。
3) 3    3    4  ……2つの数 3, 3 の公約数 3 でわります。
   1    1    4
```

最小公倍数は　$\boxed{3} \times \boxed{2} \times \boxed{3} \times 1 \times 1 \times 4 = \boxed{72}$

答　$\boxed{72}$

 最小公倍数の求め方

例　4と6と9の最小公倍数

```
2) 4    6    9  ……4と6の公約数2でわります。
3) 2    3    9  ……3と9の公約数3でわります。
   2    1    3
```

最小公倍数は, $2 \times 3 \times 2 \times 1 \times 3 = 36$

　　　次の（　　）の中の数の最小公倍数を求めましょう。

① （60, 84）　　　　　② （12, 18, 30）

解答→ p.181

3 次の比を，もっとも簡単な整数の比にしましょう。

□ (11) 32：72

《比を簡単にする》 —————————

32：72

＝（32 ÷ ⑧）：（72 ÷ ⑧）…32と72の最大公約数8でわります。

＝ ④：⑨

答 ④：⑨

約分とにていますね。
$$\frac{\overset{4}{\cancel{32}}}{\underset{9}{\cancel{72}}} = \frac{4}{9}$$

32 と 72 の最大公約数は，
右のようにして求めます。
最大公約数は，
2 × 2 × 2 = 8

$$
\begin{array}{r}
2\,)\ 32 \quad 72 \\
\hline
2\,)\ 16 \quad 36 \\
\hline
2\,)\ \ 8 \quad 18 \\
\hline
4 \quad\ \ 9
\end{array}
$$

□ (12) 5.4：15

《比を簡単にする》 —————————

5.4：15

＝ 54：150 ⟵ 10倍して整数の比で表します。

＝（54 ÷ ⑥）：（150 ÷ ⑥）……54 と 150 の最大公約数 6
でわります。

＝ ⑨：㉕

答 ⑨：㉕

最大公約数は，
2 × 3 = 6

$$
\begin{array}{r}
2\,)\ 54 \quad 150 \\
\hline
3\,)\ 27 \quad\ 75 \\
\hline
9 \quad\ 25
\end{array}
$$

比の性質

$a:b$ の a, b に同じ数をかけたり，a, b を同じ数でわったりしてできる比は，すべて 等しい比 になります。

例 $2:3 = (2 \times 5):(3 \times 5) = 10:15$

比を簡単にする

比を，それと等しい比で，できるだけ小さい整数の比で表すことを，比を簡単にするといいます。

解答→ p.181

次の比を，もっとも簡単な整数の比にしましょう。

① 24：56

② 63：3.6

---

4 次の □ にあてはまる数を求めましょう。

□ (13) 7：4 ＝ □：32

《等しい比》

7：4 に同じ数をかけたり，7：4 を同じ数でわったりしてできる比は，7：4 と等しい比になります。

$$7:4 = \square:32$$
……32 は 4 の 8 倍ですから，
……□は 7 を 8 倍した数
（× 8）

$$\square = 7 \times \boxed{8} = \boxed{56}$$

答 $\boxed{56}$

□ （14）　1.05kg ＝ □ g

《重さの単位》────────────────────

1kg ＝ 1000 g ですから，0.05kg は 50 g です。

1.05kg ＝ 1050 g　　　　　答　1050 g

□ （15）　0.4m² ＝ □ cm²

《面積の単位》────────────────────

1m² ＝ 10000cm² ですから，

0.4m² ＝ 4000 cm²　　　　答　4000 cm²

1 辺が 100cm の正方形の面積が 1m² です。

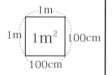

ワンポイント・アドバイス

下のような表をつくって考えると便利です。

	kg			g			mg
	1	0	5	0			

			m²			cm²
			0	4	0	0	0

1m² ＝ 100cm × 100cm ＝ 10000cm²

重さの単位

$$1mg ＝ \frac{1}{1000} g,\ \ 1kg ＝ 1000g,\ \ 1t ＝ 1000kg$$

面積の単位

1m² ＝ 10000cm²,　1km² ＝ 1000000m²,

1ha ＝ 10000m²,　1a ＝ 100m²,　1ha ＝ 100a

1a は 1 辺が 10m の正方形の面積と同じです。

1ha は 1 辺が 100m の正方形の面積と同じです。

問題 ◀ p.25　85

解答→p.181

次の □ にあてはまる数を求めましょう。

① 80g = □ kg ② 26m² = □ cm²

③ 5 : 6 = □ : 48

---

5 みどりさんの家から，東へ $\frac{2}{5}$ km のところに学校があり，西へ $\frac{1}{3}$ km のところに図書館，北へ $\frac{6}{5}$ km のところに市役所があります。このとき，次の問題に答えましょう。

□（16） 家から学校までのきょりと，家から図書館までのきょりのちがいは何 km ですか。

解き方 《分数の減法の利用》

右の図から，家から学校までのきょりと，家から図書館までのきょりのちがいは，

$$\frac{2}{5} - \frac{1}{3} = \frac{6}{15} - \frac{5}{15} = \frac{1}{15}$$

答 $\frac{1}{15}$ km

□（17） 家から市役所までのきょりは，家から学校までのきょりの何倍ですか。

 《分数倍》

$$\underset{\text{比べられる量}}{\frac{6}{5}} \div \underset{\text{もとにする量}}{\frac{2}{5}} = \frac{6}{5} \times \frac{5}{2} = \underset{\text{割合}}{3}$$

答 3 倍

割合，比べられる量，もとにする量の求め方

割合＝比べられる量÷もとにする量

比べられる量＝もとにする量×割合

もとにする量＝比べられる量÷割合

5

解答→ p.181

ひろしさんの家から，東へ $\frac{3}{4}$ km のところに学校があり，西へ $\frac{2}{3}$ km のところに公民館，北へ $\frac{4}{5}$ km のところに駅があります。このとき，次の問題に答えましょう。

① 学校から公民館までのきょりは，何 km ありますか。

② 家から学校までのきょりと，家から公民館までのきょりのちがいは何 km ですか。

6 あるお店に，1500 円のサンダルを買いに行きます。このお店では，商品の値段に，値段の 10% の消費税を加えて代金をはらいます。このとき，次の問題に答えましょう。

□（18） このお店ではセールを行っていて，全品 2 割引きで販売しています。割引き後のサンダルの値段は何円ですか。

《割合》

解き方

　割引き後の値段は，1500円の $10 - 2 = 8$（割）ですから，

$$1500 \times (1 - \boxed{0.2}) = 1500 \times \boxed{0.8} = \boxed{1200}\ (円)$$

答　$\boxed{1200}$ 円

□ **（19）　このサンダルを買うとき，消費税を加えた代金は何円ですか。**

《割合》

解き方

　(18) より，割引き後の値段は 1200 円ですから，消費税 10％を加えた代金は

$$1200 \times (1 + \boxed{0.1}) = 1200 \times \boxed{1.1} = \boxed{1320}\ (円)$$

答　$\boxed{1320}$ 円

6
解答→ p.182

　3000円の商品が3割引きで売られています。商品の値段に 10％の消費税を加えた代金は何円ですか。

7 下の図の色をぬった部分の面積は何 cm² ですか。単位をつけて答えましょう。（20）は平行四辺形，（21）は三角形です。　　　　　　　　（測定技能）

□（20）

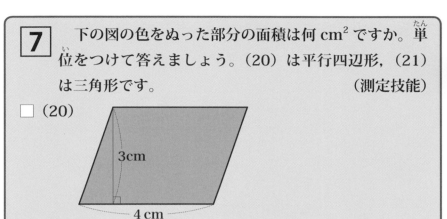

 《四角形の面積》 ──────────────

底辺は 4cm，高さは 3cm ですから，

$$\boxed{4} \times \boxed{3} = \boxed{12}$$

答 $\boxed{12 \text{ cm}^2}$

□（21）

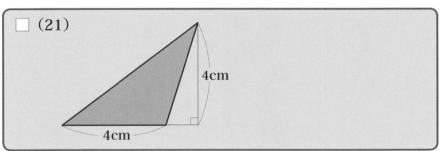

 《三角形の面積》 ──────────────

底辺は 4cm，高さも 4cm ですから，

$$\boxed{4} \times \boxed{4} \div \boxed{2} = \boxed{8}$$

答 $\boxed{8 \text{ cm}^2}$

平行四辺形の面積

平行四辺形の面積＝底辺×高さ

三角形の面積

三角形の面積＝底辺×高さ÷2

 下の図の平行四辺形と三角形の面積は何 cm² ですか。

解答→ p.182

①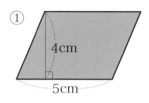

②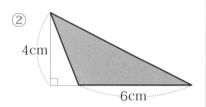

8 右の柱状グラフはかんじさんのクラス25人の通学時間を表しています。このとき，次の問題に答えましょう。

（統計技能）

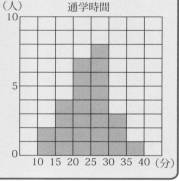

□ (22) 最頻値は，何分ですか。

 《資料の見方》

いちばん人数が多いのは，8人の25分以上30分未満です。最頻値は，この階級の真ん中の値で，27.5分です。

 答 27.5分

(23) 通学時間が 20 分未満の人は，全体の何 % ですか。

 《資料の見方》

10 分以上 15 分未満が ②人

15 分以上 20 分未満が ④人

で人数の合計は ⑥人です。したがって，

$$\underline{⑥} \div \underline{25} = \underline{0.24}$$

ポイント

比べられる量÷もとにする量＝割合

割合の ⑤0.24 は，百分率では ⑤24 ％ です。

答 ⑤24 ％

 ヒストグラム

⑧のグラフのように，記録をいくつかのはんいに区切って，資料のちらばりのようすを表したグラフをヒストグラムといいます。ヒストグラムは度数分布表をもとにしてつくることができます。

たしかめよう
⑧
解答→ p.182

⑧のグラフについて，通学時間が 30 分以上の人は，全体の何 % ですか。

9 下の表は，AとBの2つの小屋のにわとりが生んだたまごの重さを調べたものです。このとき，次の問題に答えましょう。

| A | 58 | 63 | 60 | 60 | 64 | |
| B | 64 | 61 | 57 | 62 | 64 | 61 |

□（24）　Aの小屋の重さの平均を求めましょう。（単位はg）

解き方　《平均》 ———————————————————

$$(58 + 63 + 60 + 60 + 64) \div \boxed{5} = \boxed{305} \div 5$$
$$= \boxed{61}　答　\boxed{61}\,g$$

□（25）　Bの小屋の重さの平均を求めましょう。

解き方　《平均》 ———————————————————

$$(64 + 61 + 57 + 62 + 64 + 61) \div \boxed{6} = \boxed{369} \div 6$$
$$= \boxed{61.5}$$

答　$\boxed{61.5}$ g

ワンポイント・アドバイス
平均を表すときは，個数の場合でも，小数で表すことがあります。

□（26）　AとBの小屋のどちらのにわとりのほうが重いたまごを生んだといえますか。

解き方　《平均》 ———————————————————

平均を比べます。Aの小屋は61g，Bの小屋は61.5gで，

　　　$61 \boxed{<} 61.5$

ですから，Bの小屋のほうが重いたまごを生んだといえます。

答　$\boxed{B}$

平均の求め方

平均＝合計÷個数

　平均は，個数や人数，金額でも，小数で表すことがあります。

例　5個，2個，0個，3個，1個の平均は，

　　　　（5＋2＋0＋3＋1）÷5＝2.2（個）

解答→p.182

　下の表は，AとBの2つの小屋のにわとりが生んだたまごの重さを調べたものです。AとBの小屋のどちらのにわとりのほうが重いたまごを生んだといえますか。

| A | 58 | 63 | 64 | 65 | 63 | 59 |
| B | 60 | 64 | 60 | 67 | 64 | |

（単位は g ）

10　下の図の色のついた部分の面積を，単位をつけて答えましょう。ただし，円周率は 3.14 とします。

□（27）

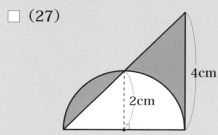

4cm

2cm

解き方

《面積》 ━━━━━━━━━━━━━━━━━━ ⬤⬤⬤

　問題の図の色のついた部分の面積は，右の図の底辺 4cm，高さ 2cm の三角形の面積と等しくなります。

　したがって，求める面積は，

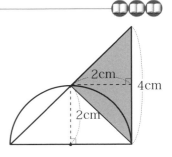

$$\frac{1}{2} \times 4 \times \boxed{2} = \boxed{4} \, (\text{cm}^2)$$

他の同じ面積の図形におきかえます。よく使われるテクニックですよ。

答 $\boxed{4 \text{ cm}^2}$

☐ (28)

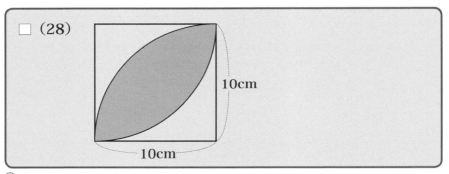

10cm

10cm

解き方

《面積》 ━━━━━━━━━━━━━━━━━━ ⬤⬤⬤

　色のついた部分の面積は，次のように考えて求めることができます。

$$\left(\text{◤} - \text{◤} \right) \times 2$$

$$= \left(\boxed{10} \times \boxed{10} \times 3.14 \times \boxed{\frac{1}{4}} - \frac{1}{2} \times 10 \times 10 \right) \times \boxed{2}$$

$$= \boxed{57} \, (\text{cm}^2)$$

答 $\boxed{57 \text{ cm}^2}$

三角形の面積

$$三角形の面積＝底辺×高さ÷2$$

円の面積

円の面積は，次の式で求めることができます。円周率は 3.14 です。

$$円の面積＝半径×半径×円周率$$

おうぎ形の面積

右の図のようなおうぎ形の面積は，次の式で求めることができます。

おうぎ形の面積

$$＝半径×半径×円周率×\frac{a}{360}$$

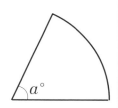

解答→ p.182

右の図の色のついた部分の面積は何 cm² ですか。ただし，円周率は 3.14 とします。

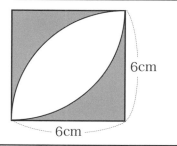

6cm

6cm

11 　右の図のような5枚のカード
を下のようなきまりで並べます。　$\boxed{A}\boxed{B}\boxed{C}\boxed{D}\boxed{E}$

このとき，次の問題に答えましょう。A，B，C，D，E
の文字を，たとえばABCDEのように左から順に書き
ましょう。　　　　　　　　　　　　　　　（整理技能）

① 　Aは左はしでも右はしでもない。

② 　Bは左はしではない。また，Aのとなりでない。
　Dの左にある。

③ 　EはBのとなりでない。

☐ (29) 　EがAの左にあるとき，5枚のカードはどのよう
に並びますか。

 《論理の問題》 —————————————————

　カードの位置を左から1，2，3，4，5として，条件①，
②，③にしたがって，それぞれのカードの位置を決めて
いきます。

　Aの位置は2，3，4のいずれかになります。

　Aの位置を2とすると，B，C，D，Eの位置が次の
ように決まります。

(29)	1	2	3	4	5	
①	×	A			×	…Aの位置を2とします。
②	×	×	×	B	D	…Bの右にDがあります。
③	E	×	C	×	×	…EはBのとなりでない。

　Aの位置を3にすると，Bは左はし1でなく，Aの
となり2，4でなく，Dの左にあるから右はし5でもな
く，Bの位置が決まりません。

(29)	1	2	3	4	5	
①	×		A		×	…A の位置を 3 とします。
②	×	×	×	×	×	…B の位置が決まりません。

　A の位置を 4 にすると，B は左はしでなく A のとなりにないので，2 になります。ところが，B のとなりでなく，A の左にある E の位置が決まりません。

(29)	1	2	3	4	5	
①	×			A	×	…A の位置を 4 とします。
②	×	B	×	×	×	…B の位置は 2 になります。
③	×	×	×	×	×	…E の位置が決まりません。

答　EACBD

□ （30）　A が E の左にあるとき，5 枚のカードはどのように並びますか。

《論理の問題》

　A の位置が 2 のとき，B，D の位置は決まりますが，B のとなりになく，A の右にある E の位置が決まりません。

(30)	1	2	3	4	5	
①	×	A			×	…A の位置を 2 とします。
②	×	×	×	B	D	…B の右に D があります。
③	×	×	×	×	×	…E の位置が決まりません。

　（29）で調べたように，A の位置を 3 にすると，B の位置が決まりません。

　A の位置を 4 にすると，B は左はしでなく A のとなりにないので，2 になります。E は，B のとなりでなく，A の右にあるので 5 の位置になります。B の右にある D の位置が決まり，C の位置も決まります。

(30)	1	2	3	4	5	
①	×			A	×	…Aの位置を4とします。
②	×	B	×	×	×	…Bの位置は2になります。
③	×	×	×	×	E	…Eの位置が決まります。
②	C	×	D	×	×	…C, Dの位置が決まります。

 答 CBDAE

 論理の問題

まとめ

　論理の問題では，わかっていることを表や図にして考えます。

例　A，B，C，Dの4人が円形のテーブルのまわりにすわっています。次のことがわかっているとき，Cさんの右どなりにすわっているのはだれですか。

①Aさんの向かいには，Bさんがすわっています。
②Dさんは，Bさんの左どなりにすわっています。

解

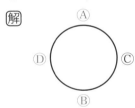

 たしかめよう

11

解答→p.182

　A，B，C，Dの4人が円形のテーブルのまわりにすわりました。そのすわりかたは次のとおりです。

㋐　BはAのとなりではありません。

㋑　CはBの右どなりです。

　このとき，Dの左どなりにすわっている人はだれですか。

① (1)

第3回　解説・解答

次の計算をしましょう。　　　　　　　　　（計算技能）

□（1）　**7.45 × 0.9**

解き方

《（小数）×（小数）の計算》 ━━━━━━━━━━━━━━

筆算で計算します。

```
        7 . 4 5  →小数部分 2 けた ┐
    ×     0 . 9  →小数部分 1 けた ┤
    6 . 7 0 5    ←小数部分 3 けた ←┘
```

7.45 × 0.9 = 6.705 ……**答**

まとめ

小数のかけ算の筆算のしかた

① 小数がないものとして，整数のかけ算と同じように計算します。

② 積の小数点は，積の小数部分のけた数が，かけられる数とかける数の小数部分のけた数の和になるようにうちます。

例

```
        0 . 4 3  →小数部分 2 けた ┐
    ×     3 . 5  →小数部分 1 けた ┤
        2 1 5
    1 2 9
    1 . 5 0 5    ←小数部分 3 けた ←┘
```

たしかめよう
1(1)
解答→ p.182

① 　5.4 × 0.3　　　　　　② 　4.46 × 0.8

③ 　3.02 × 0.5

問題◀ p.30 | **99**

解き方　《(小数)÷(小数)の計算》 —————————————

筆算で計算します。

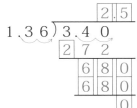

←③わられる数の小数点の位置に合わせます。

←①わる数が整数になるように，小数点を右
　に移します。

②わられる数の小数点も同じけただけ右に
　移します。

$$3.4 ÷ 1.36 = \boxed{2.5} \cdots\cdots 答$$

 小数のわり算の筆算のしかた

① 　わる数が整数になるように，小数点を右に移します。

② 　わられる数の小数点も，①で移した分だけ右に移します。

③ 　商の小数点は，わられる数の移した小数点にそろえてうちます。

例

③
　　　　　　　　2.4
3.2 6) 7.8 2.4
①　　　6 5 2 ②
　　　　1 3 0 4
　　　　1 3 0 4
　　　　　　　　0

 ① 　4.41 ÷ 1.26　　　② 　8.19 ÷ 2.34

①(2)　③ 　8.32 ÷ 2.6

解答→ p.182

□ (3)　$\dfrac{2}{7} + \dfrac{4}{5}$

 解き方　《分数のたし算》　　　　　　　　　　　　　　■□□□

$\dfrac{2}{7} + \dfrac{4}{5}$

7と5の最小公倍数35を共通な分母にして通分します。

$= \dfrac{10}{35} + \dfrac{28}{35}$

$= \dfrac{\boxed{10} + \boxed{28}}{35}$　← 分子どうしをたします。

$= \boxed{\dfrac{38}{35}}\ \left(\boxed{1\dfrac{3}{35}}\right)$　……答

分母がちがう分数のたし算は，通分してから分子どうしをたします。

 まとめ　**分数のたし算**

分母のちがう分数のたし算は，通分して計算します。

例　$\dfrac{1}{4} + \dfrac{2}{3} = \dfrac{3}{12} + \dfrac{8}{12} = \dfrac{11}{12}$

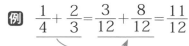

4と3の最小公倍数12を共通な分母にして通分します。

 たしかめよう

1(3)

解答→ p.182

①　$\dfrac{3}{5} + \dfrac{1}{3}$　　　　②　$\dfrac{5}{6} + \dfrac{5}{8}$

③　$1\dfrac{3}{4} + \dfrac{2}{5}$

問題 ◀ p.30　**101**

□ (4) $2\dfrac{1}{6} - 1\dfrac{5}{8}$

 《分数のひき算》 ──────────── 🔲🔲🔲🔲

$$2\dfrac{1}{6} - 1\dfrac{5}{8}$$

通分します。

$$= 2\dfrac{\boxed{4}}{\boxed{24}} - 1\dfrac{\boxed{15}}{\boxed{24}}$$

分数部分でひけないから，$1\dfrac{4}{24}$を仮分数になおします。

$$= 1\dfrac{\boxed{28}}{\boxed{24}} - 1\dfrac{\boxed{15}}{\boxed{24}}$$

$$= \dfrac{\boxed{13}}{\boxed{24}} \quad\cdots\cdots 答$$

 分数のひき算

　分母のちがう分数のひき算は，通分して計算します。

例 $\dfrac{2}{3} - \dfrac{2}{5} = \dfrac{10}{15} - \dfrac{6}{15} = \dfrac{4}{15}$

1 (4)
解答→ p.182

① $2\dfrac{1}{2} - 1\dfrac{5}{8}$ 　　　② $1\dfrac{3}{4} - \dfrac{5}{6}$

□ (5) $\dfrac{5}{12} \times 8$

 《(分数)×(整数)の計算》 ──────── 🔲🔲🔲🔲

$$\dfrac{5}{12} \times 8$$

整数を分子にかけ，約分します。

$$= \dfrac{5 \times \overset{\boxed{2}}{8}}{\underset{\boxed{3}}{12}} = \dfrac{\boxed{10}}{\boxed{3}} \quad \left(3\dfrac{1}{3}\right) \quad\cdots\cdots 答$$

仮分数と帯分数のどちらで答えても正解。

分数×整数の計算

分数に整数をかける計算では，分母はそのままにして，分子に整数をかけます。

$$\frac{b}{a} \times c = \frac{b \times c}{a}$$

1(5)
解答→ p.182

① $\dfrac{2}{35} \times 25$　　② $\dfrac{9}{42} \times 7$　　③ $\dfrac{5}{24} \times 16$

□ (6) $\dfrac{4}{9} \div 12$

 《(分数)÷(整数)の計算》 ────────────

$$\frac{4}{9} \div 12$$

整数を分母にかけ，約分します。

$$= \frac{\overset{1}{4}}{9 \times \underset{3}{12}}$$

$$= \frac{1}{27} \quad \cdots\cdots 答$$

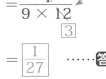 **分数÷整数の計算**

分数を整数でわる計算では，分子はそのままにして，分母に整数をかけます。

$$\frac{b}{a} \div c = \frac{b}{a \times c}$$

1(6)
解答→ p.183

① $\dfrac{6}{7} \div 16$　　② $\dfrac{12}{5} \div 18$　　③ $\dfrac{7}{5} \div 21$

□ (7)　$1\dfrac{1}{6} \times 2\dfrac{4}{7}$

解き方　《(分数)×(分数)の計算》

$$1\dfrac{1}{6} \times 2\dfrac{4}{7} = \dfrac{7}{6} \times \dfrac{18}{7}$$

帯分数を仮分数になおして，分母どうし，分子どうしをかけます。

$$= \dfrac{\overset{\boxed{1}}{7} \times \overset{\boxed{3}}{18}}{\underset{\boxed{1}}{6} \times \underset{\boxed{1}}{7}} = \boxed{3} \quad \cdots\cdots \text{答}$$

←約分します。

分数×分数の計算

分数に分数をかける計算では，分母どうし，分子どうしをかけます。

$$\dfrac{b}{a} \times \dfrac{d}{c} = \dfrac{b \times d}{a \times c}$$

①　$\dfrac{5}{18} \times 1\dfrac{1}{5}$　　②　$1\dfrac{2}{15} \times \dfrac{3}{8}$　　③　$\dfrac{6}{7} \times 1\dfrac{3}{4}$

解答→ p.183

□ (8)　$2\dfrac{1}{3} \div 2\dfrac{1}{5}$

解き方　《(分数)÷(分数)の計算》

$$2\dfrac{1}{3} \div 2\dfrac{1}{5}$$

帯分数は仮分数になおします。

$$= \dfrac{7}{3} \div \boxed{\dfrac{11}{5}}$$

わる数の逆数をかけます。

$$= \dfrac{7}{3} \times \boxed{\dfrac{5}{11}}$$

$$= \boxed{\dfrac{35}{33}} \quad \left(\boxed{1\dfrac{2}{33}} \right) \quad \cdots\cdots \text{答}$$

分数÷分数の計算

　分数でわる計算では，わる数の逆数をかけるかけ算になおして計算します。

$$\frac{b}{a} \div \frac{d}{c} = \frac{b}{a} \times \frac{c}{d}$$

1(8)
解答→ p.183

① $2\frac{1}{4} \div 2\frac{1}{5}$　　② $1\frac{3}{5} \div 2\frac{4}{3}$

③ $1\frac{2}{3} \div 2\frac{2}{9}$

2 次の問題に答えましょう。

□（9）　次の（　　）の中の数の最大公約数を求めましょう。

（24，60）

　《最大公約数》 ────────────────

　それぞれの約数を書きだします。

24 の約数…1, 2, 3, 4, 6, 8, ⑫, 24

60 の約数…1, 2, 3, 4, 5, 6, 10, ⑫, 15, 20, 30, 60

　したがって，最大公約数は ⑫

答　⑫

```
2 ) 24    60  ……公約数 2 でわります。
2 ) 12    30  ……公約数 2 でわります。
3 ) 6     15  ……公約数 3 でわります。
    2     5   ……公約数は 1 以外にありません。
```

最大公約数は　②×②×③＝⑫

答　⑫

問題◀ p.30

最大公約数の求め方

例 12 と 16 の最大公約数の求め方

```
2) 12   16   ……公約数2でわります。
2)  6    8   ……公約数2でわります。
    3    4   ……公約数は1以外にありません。
```

最大公約数は，$2 \times 2 = 4$

この求め方をおぼえ
ておきましょう。

解答→ p.183

たしかめ
よう
2 (9)

次の（　　）の中の数の最大公約数を求めましょう。

① （36，54）　　　　② （21，35，42）

□(10)　次の（　　）の中の数の最小公倍数を求めましょう。

（12，24，36）

解き方

《最小公倍数》

それぞれの倍数を書きだします。

12 の倍数 …… 12 , 24, 36, 48, 60, 72, 84, …

24 の倍数 …… 24, 48, 72, …

36 の倍数 …… 36, 72, …

したがって，最小公倍数は 72　　　　　　　 答 72

別の
解き方

2)	12	24	36	……3つの数 12, 24, 36 の公約数2でわります。
2)	6	12	18	……3つの数 6, 12, 18 の公約数2でわります。
3)	3	6	9	……3つの数 3, 6, 9 の公約数3でわります。
	1	2	3	

最小公倍数は　$\boxed{2} \times \boxed{2} \times \boxed{3} \times 1 \times 2 \times 3 = \boxed{72}$

答　$\boxed{72}$

まとめ　**最小公倍数の求め方**

例　4と6と9の最小公倍数

2)	4	6	9	……4と6の公約数2でわります。
3)	2	3	9	……3と9の公約数3でわります。
	2	1	3	

最小公倍数は，$2 \times 3 \times 2 \times 1 \times 3 = 36$

たしかめ
よう
2(10)
解答→p.183

次の（　）の中の数の最小公倍数を求めましょう。

① （9, 12）

② （6, 24, 30）

---

3 次の比を，もっとも簡単な整数の比にしましょう。

□（11）　45 : 27

解き方

《比を簡単にする》 ————————————————

$45 : 27$

$= (45 \div \boxed{9}) : (27 \div \boxed{9})$ …45と27の最大公約数9でわります。

$= \boxed{5} : \boxed{3}$

答　$\boxed{5} : \boxed{3}$

参考

45 と 27 の最大公約数は，
右のようにして求めます。
最大公約数は，3 × 3 = 9

$$3) \underline{\quad 45 \quad\quad 27 \quad}$$
$$3) \underline{\quad 15 \quad\quad\quad 9 \quad}$$
$$\quad\quad 5 \quad\quad\quad 3$$

□ （12） 7.2 : 4

解き方

《比を簡単にする》

7.2 : 4
= 72 : 40 ← 10 倍して整数の比で表します。
= （72 ÷ 8 ）:（40 ÷ 8 ） ……72 と 40 の最大公約数で
= 9 : 5 　　　　　　　　　　　　　わります。

答 9 : 5

参考

最大公約数は，
2 × 2 × 2 = 8

$$2) \underline{\quad 72 \quad\quad 40 \quad}$$
$$2) \underline{\quad 36 \quad\quad 20 \quad}$$
$$2) \underline{\quad 18 \quad\quad 10 \quad}$$
$$\quad\quad 9 \quad\quad\quad 5$$

まとめ

比の性質

$a{:}b$ の a, b に同じ数をかけたり，a, b を同じ数でわっ
たりしてできる比は，すべて **等しい比** になります。

例　$2 : 3 = (2 \times 5) : (3 \times 5) = 10 : 15$

比を簡単にする

比を，それと等しい比で，できるだけ小さい整数の
比で表すことを，**比を簡単にする**といいます。

次の比を，もっとも簡単な整数の比にしましょう。

① 27：63

② 18：7.2

解答→ p.183

4 次の □ にあてはまる数を求めましょう。

□ (13) 5：9 = □ ：54

解き方

《等しい比》 ──────────────────────

5：9に同じ数をかけたり，5：9を同じ数でわったりしてできる比は，5：9と等しい比になります。

……54は9の6倍ですから，
……□は5を6倍した数です。

$$□ = 5 × 6 = 30$$
答 30

 次の □ にあてはまる数を求めましょう。

① 65：35 = □ ：7

② 0.32：0.18 = 16：□

解答→ p.183

□ (14) 2.5 ha = □ a

解き方

《面積の単位》 ──────────────────────

1 ha = 100 a ですから，

$$2.5\,ha = 250\,a$$

答 250 a

解き方

《体積の単位》 ———————————————

$1\,\mathrm{mL} = \boxed{0.01}\,\mathrm{dL}$ ですから，

$340\,\mathrm{mL} = \boxed{3.4}\,\mathrm{dL}$

答　$\boxed{3.4}\,\mathrm{dL}$

ワンポイント・アドバイス

下のような表で考えると便利です。

km²		ha		a		m²				cm²
	2	5	0							

				m³						cm³
				kL			L	dL		mL
							3 .	4		0

1L = 10dL, 1L = 1000cm³
ですね。

まとめ

面積の単位

$1\,\mathrm{m}^2 = 10000\,\mathrm{cm}^2$,　$1\mathrm{km}^2 = 1000000\,\mathrm{m}^2$,

$1\mathrm{a} = 100\,\mathrm{m}^2$,　$1\mathrm{ha} = 10000\,\mathrm{m}^2$,　$1\mathrm{ha} = 100\mathrm{a}$

体積の単位

$1\mathrm{m}^3 = 1000000\,\mathrm{cm}^3$,　$1\mathrm{L} = 1000\,\mathrm{cm}^3$,

$1\mathrm{dL} = 100\,\mathrm{cm}^3$,　$1\mathrm{L} = 10\mathrm{dL}$,　$1\mathrm{kL} = 1000\mathrm{L} = 1\mathrm{m}^3$

たしかめよう

4 (14)(15)
解答→ p.183

次の □ にあてはまる数を求めましょう。

① 36a ＝ □ ha

② 230mL ＝□ dL

5 みさとさんが通う小学校のしき地面積は 22000m² です。このとき，次の問題に単位をつけて答えましょう。

☐ (16) 校舎の面積は，しき地面積の 25％です。校舎の面積は何 m² ですか。この問題は，計算の途中の式と答えを書きましょう。

 《割合》

$$\boxed{22000} \times \boxed{0.25} = \boxed{5500}$$

もとに　　割合　比べら
する量　　　　れる量

答 $\boxed{5500\text{m}^2}$

☐ (17) となりにあるスポーツセンターのしき地面積は，小学校のしき地面積の 150％です。スポーツセンターのしき地面積は何 m² ですか。

 《割合》

小学校のしき地の面積は 22000m² ですから，

$$\boxed{22000} \times \boxed{1.5} = \boxed{33000}$$

もとにする量　割合　比べられる量

答 $\boxed{33000\text{m}^2}$

 割合，比べられる量，もとにする量の求め方

割合＝比べられる量÷もとにする量

比べられる量＝もとにする量×割合

もとにする量＝比べられる量÷割合

解答→ p.183

こうじさんが通う小学校のしき地面積は20000m²です。このとき，次の問題に答えましょう。

① 校舎の面積は，しき地面積の25%です。校舎の面積は何m²ですか。

② 花だんの面積は180m²です。小学校のしき地面積の何%ですか。

---

6 定価が3800円のシューズを買いにいきます。A店では35%引きで売られていました。次にB店に行くと同じシューズが2660円で売られています。このとき，次の問題に答えましょう。消費税は値段にふくまれているので，考える必要はありません。

□（18） A店のシューズの値段は何円ですか。

《割合》

割引き後の値段は，3800円の 100 − 35 ＝ 65（%）ですから，

3800 × 0.65 ＝ 2470 （円）

	0	□	3800（円）
値段			
割合	0	0.65	1

答 2470 円

□（19）　B店のシューズの値段は定価の何％引きですか。

解き方

《割合》 ──────────────────────────── □□□□

　　もとにする数が3800
円，比べる数が2660円
ですから，

	0		2660	3800 (円)
値段				
割合	0		□	1

　　　$2660 ÷ 3800 = \boxed{0.7}$

　　定価の70％にあたる値段で買うとき，割引きは

　　$1 - \boxed{0.7} = \boxed{0.3}$ より $\boxed{30}$ ％となります。

答　$\boxed{30}$ ％引き

たしかめよう
6
解答→ p.183

　　定価4500円のカバンが，A店では3割引で，B
店では3600円で売られています。このとき，次
の問題に答えましょう。ただし，消費税は値段に
ふくまれています。

①　A店のカバンの値段は何円ですか。

②　B店のカバンの値段は定価の何割引きですか。

7　右の図は，半径が2cmの円を使っ
てかいた正六角形です。これにつ
いて，次の問題に答えましょう。
　　　　　　　　　　　（測定技能）

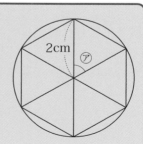

□（20）　㋐の角度は何度ですか。

正六角形をかくときに，円の中心のまわりを6等分しますから，⑦の角度は，$\boxed{360} \div 6 = \boxed{60}$

答 $\boxed{60}$ 度

□ (21) この正六角形のまわりの長さは何 cm ですか。

 《正多角形の性質》────────────

図のように正六角形は，6個の正三角形に分かれます。

$\boxed{正三角形}$ の1辺の長さは2cmですから，正六角形のまわりの長さは

$2 \times \boxed{6} = \boxed{12}$

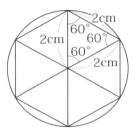

答 $\boxed{12}$ cm

 三角形の角・四角形の角

三角形の3つの角の大きさの和は $180°$ です。

四角形の4つの角の大きさの和は $360°$ です。

多角形の角

どんな多角形の角の大きさの和も，三角形に分けて求めることができます。

下の図の⑦，⑦の角度は何度ですか。計算して求めましょう。

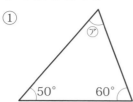

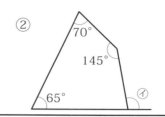

解答→p.183

8 まっ茶，バニラ，メロン，チョコの4種類のアイスクリームがあります。このとき，次の問題に答えましょう。

☐ **(22)** 4種類のアイスクリームの中から2種類を選んで買います。まっ茶を選んだとき，残りの選び方は全部で何通りありますか。

《組み合わせ》

まっ茶を選んだとき，残りはバニラ，メロン，チョコの3種類のうちの1つを選びます。ですから，選び方は3通りあります。　　　　　　　　　　**答** ③ 通り

☐ **(23)** 4種類のアイスクリームの中から2種類を選ぶ選び方は，全部で何通りありますか。

《組み合わせ》

右のような表を使って組み合わせを調べることができます。

答 ⑥ 通り

まっ茶	バニラ	メロン	チョコ
○	○		
○		○	
○			○
	○	○	
	○		○
		○	○

第3回

解説・解答

組み合わせの数の求め方

まとめ　いくつもの中から 2 つを選ぶ組み合わせを考える ときは，表や樹形図，あるいは全部の組み合わせを並べる方法で調べることができます。また，次の例のようにして求めることもできます。

例　A，B，C，D の 4 人の中から 2 人の委員を選びます。何通りの選び方があるかを求めるとき，右のような図を使って調べることができます。組み合わせの数は，それぞれの点を結ぶ直線の数で，全部で 6 通りあることがわかります。

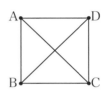

解答→p.183

　こうじさん，まさきさん，ゆりえさん，りえこさんの 4 人の中から委員を選びます。このとき，次の問題に答えましょう。

①　4 人の中から委員を 2 人選びます。委員の 1 人にこうじさんを選んだとき，残りの委員の選び方は全部で何通りありますか。

②　4 人の中から 2 人の委員を選ぶ選び方は，全部で何通りありますか。

③　4 人の中から 3 人の委員を選びます。選び方は，全部で何通りありますか。

9 自動車が，高速道路を 1 時間 20 分で 120km 走りました。このとき，次の問題に答えましょう。

□（24） この自動車の速さは時速何 km ですか。

《割合》 ―――――――――――――――――――――――

1 時間 20 分は，$\dfrac{80}{60}$ 時間ですから，速さは

ポイント
時間を分数で表すと，計算しやすくなります。

$$120 \div \dfrac{80}{60}$$

$$= 120 \times \dfrac{60}{80}$$

ポイント
道のり÷時間＝速さ

$$= \boxed{90}$$

したがって，時速 $\boxed{90}$ km です。

答 時速 $\boxed{90}$ km

□（25） 同じ速さで走るとき，1 時間 40 分では何 km 走りますか。

《割合》 ―――――――――――――――――――――――

（24）から，速さは時速 $\boxed{90}$ km です。

1 時間 40 分は，$\dfrac{100}{60}$ 時間ですから，道のりは

$$90 \times \dfrac{100}{60} = \boxed{150}$$ 　答 $\boxed{150}$ km

ポイント
速さ×時間＝道のり

□（26）　同じ速さで 300km の道のりを走るとき，何時間
何分かかりますか。

解き方

《割合》─────────────────

（24）から，速さは時速 90 km です。

$$300 \div 90 = \frac{300}{90}$$

ポイント

道のり÷速さ＝時間

$$= \frac{10}{3}$$

$$= 3\frac{1}{3} = 3\frac{20}{60}$$

$3\frac{20}{60}$ 時間は，3 時間 20 分です。

帯分数で表してから，ポイント
何時間何分か求めます。

答　3 時間 20 分

まとめ

速さ，道のり，時間の関係

速さ＝道のり÷時間

道のり＝速さ×時間

時間＝道のり÷速さ

たしかめよう
9
解答→p.183

列車が，45 分で 60km 走りました。このとき，
次の問題に答えましょう。

①　この列車の速さは時速何 km ですか。

②　同じ速さで走るとき，1 時間 30 分では何
km 走りますか。

10 下の図のような直方体の容器㋐と㋑があります。㋐の容器の中には深さ 12cm のところまで水が入っています。このとき，次の問題に単位をつけて答えましょう。

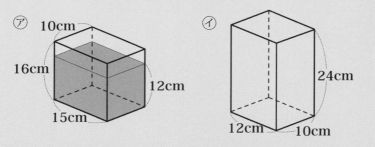

☐ **(27)** ㋐の容器に入っている水の体積は何 cm³ ですか。

《体積》

高さは水の深さの 12 cm ですから，

$$10 \times 15 \times \boxed{12} = \boxed{1800} \, (\text{cm}^3)$$

答 1800 cm³

直方体の体積＝たて×横×高さ

☐ **(28)** ㋐の容器の水をすべて㋑の容器に移します。このとき，㋑の容器の水の深さは何 cm になりますか。この問題は，計算の途中の式と答えを書きましょう。

《体積》

水の体積は 1800cm³，㋑の容器の たて×横は，

$$10 \times \boxed{12} = \boxed{120} \, (\text{cm}^2)$$

ですから，水の深さは，

$$1800 \div \boxed{120} = \boxed{15} \, (\text{cm})$$

答 15cm

深さ＝直方体の体積÷(たて×横)

直方体の体積・立方体の体積

まとめ

　　　直方体の体積＝たて×横×高さ

　　　立方体の体積＝１辺×１辺×１辺

たしかめ
よう

10

解答→ p.183

　10の問題で，容器⑦に入っている水をすべて⑨の容器に移します。このとき，⑨の容器の水の深さは何cmになりますか。

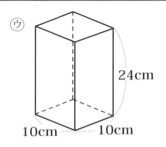

⑨

24cm

10cm　　10cm

11　右の図のような９つのます目に 1，2，3，4，5，6，7，8，9 の数字を入れ，たて，横，ななめの数の和が等しくなるようにします。このとき，次の問題に答えましょう。

（整理技能）

⑦	1	6
		7
	9	⑦

□（29）　⑦にあてはまる数を求めましょう。

解き方

《整数》

　1，2，3，4，5，6，7，8，9 の和は 45 ですから，たて，横，ななめの３つの数の和は，

$$45 ÷ 3 = 15$$

ポイント

　右の列の３つの数の和は，

$$6 + 7 + ⑦ = 15$$

　⑦の数は，　　　$15 - (6 + 7) = 2$

答　　2

□（30）　⑦にあてはまる数を求めましょう。

解き方

《整数》　　　　　　　　　　　　　　　　　　　

　　ますの真ん中の数は，

$$\boxed{15}-(1+9)=\boxed{5}$$

ですから，

$$⑦+\boxed{5}+7=\boxed{15}$$

したがって，

$$\boxed{15}-(\boxed{5}+7)=\boxed{3}$$

答　$\boxed{3}$

　たて，横，ななめのどの列
　をたしても 15 ですね。

まとめ
　　魔方陣（ま ほうじん）

　11の図のように，正方形に数字をおいて，たて，横，
ななめの数の和が等しくなるようにしたものを魔方陣
といいます。11の魔方陣は，たて3ます，横3ますの
魔方陣です。

たしかめ
よう
11
解答→ p.183

　　右の図のような9つのます目
に2から18までの偶数を1つ
ずつ入れ，たて，横，ななめの
数の和が等しくなるようにしま

	14	4
		⑦
⑦	6	8

す。このとき，次の問題に答えましょう。

①　⑦にあてはまる数を求めましょう。

②　⑦にあてはまる数を求めましょう。

第4回　解説・解答

1 次の計算をしましょう。 （計算技能）

□ (1) 3.2 × 2.4

《（小数）×（小数）の計算》 ————————

筆算で計算します。

```
      3 . 2  →小数部分1けた ─┐
    × 2 . 4  →小数部分1けた ─┤
    1 2 8                    │
    6 4                      │
    7 . 6 8  ←小数部分2けた ←┘
```

3.2 × 2.4 = 7.68 ……答

小数点の位置に注意！

小数のかけ算の筆算のしかた

① 小数がないものとして，整数のかけ算と同じように計算します。

② 積の小数点は，積の小数部分のけた数が，かけられる数とかける数の小数部分のけた数の和になるようにうちます。

例
```
      0 . 4 3  →小数部分2けた ─┐
    ×   3 . 5  →小数部分1けた ─┤
      2 1 5                    │
    1 2 9                      │
    1 . 5 0 5  ←小数部分3けた ←┘
```

たしかめよう	①	5.3×0.6	②	2.9×1.8
1 (1) 解答→ p.184	③	4.6×7.9		

□ (2)　**$9.88 \div 1.52$**

解き方

《(小数)÷(小数)の計算》——————————

筆算で計算します。

```
            6. 5
1.52)9.8 8  0
      9 1 2
        7 6 0
        7 6 0
            0
```

←③わられる数の小数点の位置に合わせます。

←①わる数が整数になるように，小数点を右に移します。

②わられる数の小数点も同じけただけ右に移します。

 ①，②，③の順に計算します。

$$9.88 \div 1.52 = \boxed{6.5} \quad \cdots\cdots 答$$

まとめ

小数のわり算の筆算のしかた

① 　わる数が整数になるように，小数点を右に移します。

② 　わられる数の小数点も，①で移した分だけ右に移します。

③ 　商の小数点は，わられる数の移した小数点にそろえてうちます。

例

```
                  ③
                2. 4
3.26)7.8 2. 4
  ①   6 5 2  ②
      1 3 0 4
      1 3 0 4
            0
```

第4回

解説・解答

① 7.92 ÷ 0.6　　　② 5.32 ÷ 1.4

③ 7.59 ÷ 2.3

解答→ p.184

□ (3)　$\dfrac{2}{3}+\dfrac{1}{4}$

《分数のたし算》 ———————————

$\dfrac{2}{3}+\dfrac{1}{4}$　　3と4の最小公倍数 12 を共通な分母にして通分
します。

$=\dfrac{\boxed{8}}{12}+\dfrac{\boxed{3}}{12}$

$=\dfrac{\boxed{8}+\boxed{3}}{12}$ ←分子どうしをたします。

$=\dfrac{\boxed{11}}{12}$ …… 答

> 分母がちがう分数のたし算は，通分してから分子どうしをたします。

 分数のたし算

　分母のちがう分数のたし算は，通分して計算します。

例　$\dfrac{1}{5}+\dfrac{2}{3}=\dfrac{3}{15}+\dfrac{10}{15}=\dfrac{13}{15}$

　　5と3の最小公倍数 15 を共通な分母にして通分します。

 ① $\dfrac{2}{5}+\dfrac{1}{4}$　　② $\dfrac{1}{6}+\dfrac{3}{4}$　　③ $\dfrac{3}{7}+\dfrac{2}{3}$

解答→ p.184

□ (4)　$1\dfrac{1}{3}-\dfrac{3}{5}$

《分数のひき算》 ■■■■

$$1\frac{1}{3}-\frac{3}{5}$$

通分します。

$$=1\frac{\boxed{5}}{\boxed{15}}-\frac{\boxed{9}}{\boxed{15}}$$

分数部分でひけないから，$1\frac{5}{15}$ を仮分数に
なおします。

$$=\frac{\boxed{20}}{\boxed{15}}-\frac{\boxed{9}}{\boxed{15}}$$

$$=\frac{\boxed{11}}{\boxed{15}}\ \cdots\cdots\text{答}$$

分数のひき算

分母のちがう分数のひき算は，通分して計算します。

例　$\dfrac{2}{3}-\dfrac{2}{5}=\dfrac{10}{15}-\dfrac{6}{15}=\dfrac{4}{15}$

3 と 5 の最小公倍数 15 を共通な分母にして通分します。

① $\dfrac{2}{5}-\dfrac{1}{4}$　　② $\dfrac{3}{4}-\dfrac{2}{3}$　　③ $1\dfrac{2}{3}-\dfrac{5}{6}$

解答→ p.184

□（5）　$\dfrac{5}{18}\times 12$

《（分数）×（整数）の計算》 ■■■■

$$\frac{5}{18}\times 12$$

整数を分子にかけ，約分します。

$$=\frac{5\times \overset{\boxed{2}}{\cancel{12}}}{\underset{\boxed{3}}{\cancel{18}}}$$

ポイント
計算の途中で約分でき
るときは約分します。

$$=\frac{\boxed{10}}{\boxed{3}}\ \left(\boxed{3\frac{1}{3}}\right)\ \cdots\cdots\text{答}$$

分数×整数の計算

　分数に整数をかける計算では，分母はそのままにして，分子に整数をかけます。

$$\frac{b}{a} \times c = \frac{b \times c}{a}$$

1 (5)
解答→ p.184
　① $\frac{1}{20} \times 15$　　② $\frac{3}{32} \times 8$　　③ $1\frac{2}{3} \times 12$

□ (6) $\frac{9}{20} \div 6$

 《（分数）÷（整数）の計算》

$\frac{9}{20} \div 6$ 　整数を分母にかけ，約分します。

$= \frac{\overset{3}{\cancel{9}}}{20 \times \underset{2}{\cancel{6}}} = \frac{3}{40}$ …… 答

 分数÷整数の計算

　分数を整数でわる計算では，分子はそのままにして，分母に整数をかけます。

$$\frac{b}{a} \div c = \frac{b}{a \times c}$$

1 (6)
解答→ p.184
　① $\frac{8}{15} \div 4$　　② $\frac{16}{9} \div 8$　　③ $1\frac{2}{3} \div 10$

□（7）　$\dfrac{3}{14} \times \dfrac{8}{9}$

解き方

《（分数）×（分数）の計算》　　　　　　　　　　　

$\dfrac{3}{14} \times \dfrac{8}{9}$ ）分母どうし，分子どうしをかけます。

$= \dfrac{\overset{1}{3} \times \overset{4}{8}}{\underset{7}{14} \times \underset{3}{9}}$ ←約分します。

途中で約分すると，計算が簡単になります。

$= \dfrac{4}{21}$ …… 答

ワンポイント・アドバイス

計算の進め方

約分をするとき，次のどちらの方法でもかまいません。
慣れている方法で計算しましょう。

$$\dfrac{9}{14} \times \dfrac{2}{3} = \dfrac{\overset{3}{\underset{7}{9}} \times \overset{1}{\underset{1}{2}}}{\underset{7}{14} \times \underset{1}{3}} = \dfrac{3}{7} \qquad \dfrac{\overset{3}{\underset{7}{9}}}{\underset{7}{14}} \times \dfrac{\overset{1}{\underset{1}{2}}}{\underset{1}{3}} = \dfrac{3}{7}$$

まとめ

分数×分数の計算

分数に分数をかける計算では，分母どうし，分子どうしをかけます。

$$\dfrac{b}{a} \times \dfrac{d}{c} = \dfrac{b \times d}{a \times c}$$

たしかめよう
１(7)
解答→ p.184

①　$\dfrac{1}{12} \times \dfrac{4}{5}$ 　　　②　$\dfrac{16}{9} \times \dfrac{3}{4}$ 　　　③　$\dfrac{8}{3} \times \dfrac{9}{2}$

問題◀ p.36　**127**

□ (8) $2\dfrac{1}{2} \div \dfrac{5}{6}$

《（分数）÷（分数）の計算》 ————

$2\dfrac{1}{2} \div \dfrac{5}{6}$

帯分数は仮分数になおします。

$= \dfrac{\boxed{5}}{\boxed{2}} \div \dfrac{5}{6}$

わる数の逆数をかけます。

$= \dfrac{\boxed{5}}{\boxed{2}} \times \dfrac{\boxed{6}}{\boxed{5}}$

約分を忘れずに！

$= \dfrac{\overset{\boxed{1}}{5} \times \overset{\boxed{3}}{6}}{\underset{\boxed{1}}{2} \times \underset{\boxed{1}}{5}}$ ……約分します。

$= \boxed{3}$ …… 答

逆数

2つの数の積が1になるとき，一方の数を他方の数の逆数といいます。

分数の逆数は，分母と分子を入れかえた数になります。

例　$\dfrac{2}{3}$ の逆数 → $\dfrac{3}{2}$　　　　$\dfrac{3}{2}$ の逆数 → $\dfrac{2}{3}$

1の逆数 → 1　　0.5の逆数 $\left(\dfrac{1}{2} \text{ の逆数} \right)$ → 2

0.1の逆数 $\left(\dfrac{1}{10} \text{ の逆数} \right)$ → 10

分数÷分数の計算

分数でわる計算では，わる数の逆数をかけるかけ算になおして計算します。

$$\dfrac{b}{a} \div \dfrac{d}{c} = \dfrac{b}{a} \times \dfrac{c}{d}$$

解答→p.184

① $\dfrac{1}{12} \div \dfrac{3}{8}$　　② $\dfrac{16}{9} \div \dfrac{4}{3}$　　③ $1\dfrac{2}{3} \div \dfrac{5}{6}$

2 次の問題に答えましょう。

□（9）　次の（　　）の中の数の最大公約数を求めましょう。

（28，98）

《最大公約数》　　　　　　　　　　　　　　　

それぞれの約数を書きだします。

28 の約数…1，2，4，7，14，28

98 の約数…1，2，7，14，49，98

したがって，最大公約数は 14

答　14

別の解き方

$$
\begin{array}{r|rr}
2) & 28 & 98 \\
\hline
7) & 14 & 49 \\
\hline
 & 2 & 7
\end{array}
$$
……公約数 2 でわります。
……公約数 7 でわります。
……公約数は 1 以外にありません。

最大公約数は　2×7＝14

答　14

この求め方を
おぼえておき
ましょう。

次の（　　）の中の数の最大公約数を求めましょう。

解答→p.184

① （27，36）　　　　② （24，36，42）

□(10) 次の( )の中の数の最小公倍数を求めましょう。

(15, 24, 40)

 《最小公倍数》—————————

それぞれの倍数を書きだします。

15 の倍数 …… 15 , 30, 45, 60, 75, 90, 105,
　　　　　　 120 , …

24 の倍数 …… 24, 48, 72 , 96, 120 , …

40 の倍数 …… 40, 80, 120 , …

したがって，最小公倍数は 120　　　　　答 120

```
5) 15   24   40  ……5と40の公約数5でわります。
8)  3   24    8  ……24と8の公約数8でわります。
3)  3    3    1  ……3と3の公約数3でわります。
    1    1    1
```

最小公倍数は 5 × 8 × 3 × 1 × 1 × 1 = 120

答 120

 最小公倍数の求め方

例 4と6と9の最小公倍数

```
2) 4   6   9  ……4と6の公約数2でわります。
3) 2   3   9  ……3と9の公約数3でわります。
   2   1   3
```

最小公倍数は，2 × 3 × 2 × 1 × 3 = 36

たしかめよう 2 (10)
解答→ p.184

次の（　）の中の数の最小公倍数を求めましょう。
① （9，15）
② （8，18，24）

第4回 解説・解答

3 次の比を，もっとも簡単な整数の比にしましょう。

☐ (11) 112：14

 解き方

《比を簡単にする》

112：14

＝（112÷ 14 ）：（14÷ 14 ）…112 と 14 の最大公約数 14
でわります。

＝ 8 ： 1

答 8 ： 1

☐ (12) $\dfrac{2}{5}：\dfrac{1}{3}$

解き方

《比を簡単にする》

$\dfrac{2}{5}：\dfrac{1}{3}$

＝$\left(\dfrac{2}{5}×\boxed{15}\right)：\left(\dfrac{1}{3}×\boxed{15}\right)$ ⎱5 と 3 の最小公倍数 15 をかけ
て整数の比で表します。

＝ 6 ： 5

答 6 ： 5

 まとめ

比を簡単にする

比を，それと等しい比で，できるだけ小さい整数の
比で表すことを，**比を簡単にする**といいます。

例　18：63 ＝（18÷9）：（63÷9）＝ 2：7

次の比を，もっとも簡単な整数の比にしましょう。

解答→ p.184　① $\dfrac{3}{5} : \dfrac{2}{3}$　　　② $\dfrac{3}{4} : \dfrac{5}{6}$

4　次の □ にあてはまる数を求めましょう。

□ (13)　$8 : 3 = \square : 24$

 《等しい比》 ————————————————

　　8：3に同じ数をかけたり，8：3を同じ数でわったり
してできる比は，8：3と等しい比になります。

$$\underset{\times 8}{\overset{\times 8}{8 : 3}} = \square : 24$$

……24は3の8倍ですから，

……□は8を8倍した数

$$\square = 8 \times \boxed{8} = \boxed{64}$$ 　　　**答**　$\boxed{64}$

 次の □ にあてはまる数を求めましょう。

① $12 : 18 = \square : 72$

解答→ p.184　② $0.7 : 0.14 = 5 : \square$

□ (14)　$0.25\,\mathrm{t} = \square\,\mathrm{kg}$

 《長さの単位》 ————————————————

　　$1\,\mathrm{t} = \boxed{1000}\,\mathrm{kg}$ ですから，

$$0.25\,\mathrm{t} = \boxed{250}\,\mathrm{kg}$$

答　$\boxed{250}\,\mathrm{kg}$

☐ (15) $34\,L = \boxed{}\,cm^3$

 解き方

《体積の単位》 ───────────────────────

$1\,L = \boxed{1000}\,cm^3$ ですから,

$$34\,L = \boxed{34000}\,cm^3$$

答　$\boxed{34000}\,cm^3$

ワンポイント・アドバイス

下のような表をつくって考えると便利です。

	t			kg			g			mg
	0	2	5	0						

	m^3(kL)			L			cm^3	
			3	4	0	0	0	

1辺が10cmの立方体に入る
水の体積が1Lですね。

 まとめ

重さの単位

$1g = 1000mg,\quad 1kg = 1000g,\quad 1t = 1000kg$

体積の単位

$1m^3 = 1000000cm^3,\quad 1L = 1000cm^3,$

$1dL = 100cm^3,\quad 1L = 10dL,\quad 1kL = 1000L = 1m^3$

 たしかめよう
4 (14)(15)
解答→ p.184

次の ☐ にあてはまる数を求めましょう。

① $4500kg = \boxed{}\,t$

② $0.4L = \boxed{}\,cm^3$

> **5** まさとさんは消しゴムとノートとコンパスを買いました。コンパスの値段は消しゴムの値段の 4.5 倍です。消しゴムの値段は 40 円で，ノートの値段の $\frac{1}{3}$ 倍です。
> このとき，次の問題に答えましょう。
>
> □ (16) ノートの値段は何円ですか。

 解き方

《倍とわり算》

ノートの値段を□円とすると，□円の $\frac{1}{3}$ 倍が消しゴムの値段ですから，

$$\square \times \boxed{\frac{1}{3}} = 40$$

ポイント
もとにする量を□としてかけ算にしてみると，考えやすくなります。

$$\square = 40 \div \boxed{\frac{1}{3}}$$

$$= 40 \times \boxed{3} = \boxed{120}$$ 　**答** $\boxed{120}$ 円

別の解き方

$$40 \div \boxed{\frac{1}{3}} = \boxed{120}$$ 　**答** $\boxed{120}$ 円

ポイント
比べられる量÷割合＝もとにする量

> □ (17) コンパスの値段はノートの値段の何倍ですか。この問題は，計算の途中の式と答えを書きましょう。

《倍とわり算》 ━━━━━━━━━━━━━━━━━━ ⚫⚫⚫①

　コンパスの値段は，消しゴムの値段 40 円の 4.5 倍で
すから，

$$40 \times 4.5 = \boxed{180}$$

ポイント
もとにする量×割合＝比べられる量

　コンパスの値段は $\boxed{180}$ 円，ノートの値段は 120 円で
すから，

$$\boxed{180} \div 120 = \boxed{1.5}$$

ポイント
比べられる量÷もとにする量＝割合

答　$\boxed{1.5}$ 倍 $\left(\boxed{\dfrac{3}{2}} 倍, \boxed{1\dfrac{1}{2}} 倍 \right)$

 別の解き方

　ノートの値段を 1 とします。消しゴムの値段はノート
の値段の $\dfrac{1}{3}$ 倍で，コンパスの値段は，消しゴムの値段の
4.5 倍ですから，

ポイント
もとにする量×割合＝
比べられる量

$$1 \times \boxed{\dfrac{1}{3}} \times 4.5 = \boxed{1.5}$$

　ノートの値段を 1 とすると，コンパスの値段は $\boxed{1.5}$
にあたります。

答　$\boxed{1.5}$ 倍 $\left(\boxed{\dfrac{3}{2}} 倍, \boxed{1\dfrac{1}{2}} 倍 \right)$

 まとめ
割合，比べられる量，もとにする量の求め方
　割合と比べられる量，もとにする量の間には次の関
係があります。

割合＝比べられる量÷もとにする量
比べられる量＝もとにする量×割合
もとにする量＝比べられる量÷割合

問題 ◀ p.37 **135**

⑤
解答→ p.184

　　オレンジ，グレープ，パイナップルの３種類のジュースがあります。オレンジジュースの量はグレープジュースの 1.5 倍あります。グレープジュースの量は 600mL で，パイナップルジュースの量の $\frac{1}{2}$ 倍です。このとき，次の問題に答えましょう。

① 　パイナップルジュースの量は何 mL ですか。

② 　オレンジジュースの量は，パイナップルジュースの量の何倍ありますか。

6　　あるお店では，１本 150 円のジュースを３本買うと，１本もらえるキャンペーンを行っています。これについて，次の問題に答えましょう。消費税は値段にふくまれているので，考える必要はありません。

□(18)　キャンペーン中にこのジュースを８本ほしいとき，支払う代金は何円ですか。

《割合》—————————————

　　３本買うと１本もらえて４本になるので，６本買うと２本もらえて８本になりますから，

　　　　150 × 6 = 900 （円）

答 900 円

□（19）　キャンペーン中に8本になるように買うときの値段は，キャンペーンを行っていないときに8本買うときの値段の何%引きですか。

《割合》

キャンペーンを行っていないときの8本分の代金は，

$150 \times 8 = 1200$（円）ですから

$\boxed{900} \div 1200 = \boxed{0.75}$

$1 - \boxed{0.75} = \boxed{0.25}$

答　$\boxed{25}$%引き

たしかめよう

⑥

解答→ p.184

　1個80円のドーナツを5個買うと2個もらえるクーポンがあります。ドーナツを10個買うとき，クーポンを使ったときの代金は，クーポンを使わなかったときの代金の何%引きですか。ただし，消費税は値段にふくまれています。

7 右の図は，点 O を対称の中心とする点対称な図形です。これについて，次の問題に答えましょう。

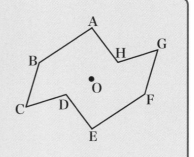

□ (20) 点 A に対応する点はどれですか。

《点対称》 ━━━━━━━━━━

点 O を中心にして 180°回転させたとき，ぴったり重なる点を対応する点といいます。

点 A に対応する点は，点 A と点 O を結んだ直線上にあります。

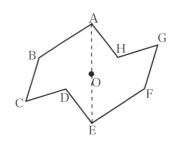

答 点 E

□ (21) 直線 OB と同じ長さの直線はどれですか。

《点対称》 ━━━━━━━━━━

点 B と点 O を結ぶ直線は，点 F を通り，OB ＝ OF となります。

答 直線 OF

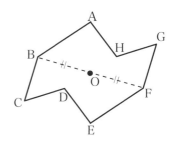

点対称な図形

　1つの点を中心にして180°回転させたとき，もとの図形とぴったり重なる図形を点対称な図形といいます。中心にした点を対称の中心といいます。

7
解答→p.184

　7の図について，次の問題に答えましょう。

①　点Cに対応する点はどれですか。

②　直線OCと同じ長さの直線はどれですか。

③　角BCDと同じ大きさの角はどれですか。

8　右のような4枚の数字カードがあります。このとき，次の問題に答えましょう。

□（22）　この数字カードから2枚を使って2けたの整数をつくります。できる2けたの整数は全部で何通りありますか。

《組み合わせ》───────────────────────────

　はじめに十の位，次に一の位を決めます。2けたの整数は，次のように全部で 12 通りできます。

　　　　　23，24，25，32，34，35，

　　　　　42，43，45，52，53，54　　　　答　12通り

樹形図をかいて調べることもできます。

33や55などのように，同じ数字のカードを2枚使うことはできません。

答　12通り

□（23） この数字カードから3枚を使って3けたの整数を
つくります。できる3けたの整数は全部で何通りあり
ますか。

 《組み合わせ》——————————————————————

　　百の位，十の位，一の位の順に決めます。3けたの整
数は，次のように全部で 24 通りできます。

　　　234，235，243，245，253，254，
　　　324，325，342，345，352，354
　　　423，425，432，435，452，453
　　　523，524，532，534，542，543　　答 24 通り

 場合の数

　　場合の数を求めるときは，樹形図や表などを使って
調べると便利です。また，次の例のようにして求める
こともできます。

例　①，②，③の3枚のカードを並べて3けたの数
をつくります。3けたの数は何通りできますか。

解　百の位から順に決めていきます。

　　百の位は①，②，③の3通りの選び方
があります。十の位は百の位で決まった
数を除く2通りの選び方があります。一
の位は，百の位，十の位で決まった数を
除いた1通りですから，

　　　　　3 × 2 × 1 ＝ 6（通り）

百の位　↑3通り
十の位　↑2通り
一の位　↑1通り

たしかめよう ⑧
解答→p.184

　右のような4枚の数字カード
があります。この数字カードか
ら3枚を使ってできる3けたの整数で，5の倍数
は全部で何通りありますか。

$\boxed{1}\ \boxed{3}\ \boxed{5}\ \boxed{6}$

9　右のグラフは針金
の長さ x m と重さ
y g の関係を表した
ものです。このとき，
次の□にあてはま
ることばや数を答え
ましょう。

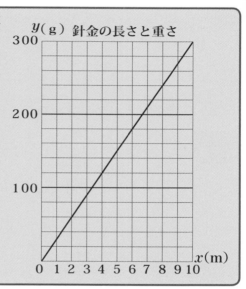

□ (24)　針金の重さは，
長さに□していま
す。

 解き方

《比例》 ─────────────────── ◯◯◯

　グラフは0の点を通る直線ですから，y は x に 比例
していることがわかります。　　　　　　　　**答** 比例

□ (25)　y を x の式で表すと，

$$y = \boxed{} \times x$$

となります。　　　　　　　　　　　　　（表現技能）

《比例》　―――――――――――――――――――――――――――――――

　　x と y の関係は次のように表すことができます。

$$y = きまった数 × x$$

　　グラフから，$x = 2$ のとき，$y = \boxed{60}$ ですから，

$$\boxed{60} = \boxed{} × \boxed{2}$$

$$\boxed{} = \boxed{60} ÷ \boxed{2} = \boxed{30}$$

　　したがって，　　　　　$y = \boxed{30} × x$

答　$\boxed{30}$

□ (26)　針金の長さが 7 m のときの重さは □ g です。

《比例》　――――――――――――――――――――――――――――――

　　(25) で求めた式で，$x = \boxed{7}$ のとき，

$$y = 30 × \boxed{7} = \boxed{210}$$

答　$\boxed{210}$ g

　比例の式

　　y が x に比例するとき，$y ÷ x$ の値はきまった数になります。x と y の関係は，次の式で表すことができます。

$$y = きまった数 × x$$

　比例のグラフ

　　y が x に比例するとき，そのグラフは 0 の点を通る直線になります。

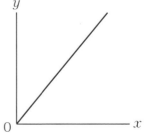

たしかめよう ⑨

解答→p.184

下のグラフは針金（はりがね）の長さ x m と重さ y g の関係を表したものです。このとき，次の □ にあてはまることばや数を答えましょう。

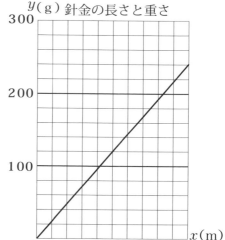

y（g）針金の長さと重さ

① 針金の重さは，長さに □ しています。

② y を x の式で表すと，$y = □ \times x$ となります。

③ 針金の重さが 120g のときの長さは □ m です。

10 右の図のような円柱の形をした容器⑦と⑦があります。⑦の容器の中には深さ 5cm のところまで水が入っています。このとき，次の問題に答えましょう。ただし，円周率（えんしゅうりつ）は 3.14 とします。

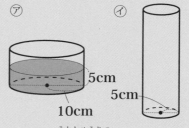

⑦

⑦

5cm

5cm

10cm

□ (27) ⑦の容器の底面の円周の長さは，⑦の容器の底面の円周の長さの何倍ですか。

《円周》 ───────────────────────────────

どの円についても円周の長さは半径に比例します。

底面の円の半径は，⑦の容器が 10cm，

⑦の容器が 5cm ですから，

$$\boxed{10} \div \boxed{5} = \boxed{2}$$

半径が $\boxed{2}$ 倍ですから，円周の長さも $\boxed{2}$ 倍です。

答 $\boxed{2}$ 倍

□ (28)　⑦の容器の水をすべて⑦の容器に移します。このとき，⑦の容器の水の深さは何 cm になりますか。

《円柱の体積》 ───────────────────────

まず⑦の容器に入っている水の体積を求めます。

⑦の容器には高さ 5cm まで水が入っているので，

$$10 \times 10 \times 3.14 \times 5 = \boxed{1570} \ (cm^3)$$
　　　底面積　　　　高さ

⑦の容器の水の深さを□ cm とします。

このとき，

$$5 \times 5 \times 3.14 \times \square = \boxed{1570}$$
$$\square = \boxed{1570} \div (5 \times 5 \times 3.14)$$
$$= \boxed{20} \ (cm)$$

答 $\boxed{20}$ cm

円柱の体積，円の面積

円柱の体積＝底面積×高さ

円の面積＝半径×半径× 3.14

たしかめよう 10
解答→p.184

　右の図のような円柱の形をした容器⑦と⑦があります。⑦の容器の中には深さ10cmのところまで水

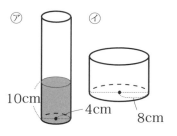

⑦　⑦
10cm　4cm　8cm

が入っています。このとき, 次の問題に答えましょう。ただし, 円周率は3.14とします。
①　⑦の容器に入っている水の体積は何cm³ですか。
②　⑦の容器の水をすべて⑦の容器に移します。このとき, ⑦の容器の水の深さは何cmになりますか。

11　右の図の筆算が正しくなるように, □に0～9までの数字を入れます。次の問題に答えましょう。

□（29）　⑦にあてはまる数を求めましょう。

```
      3  ⑦
×)    □  8
   □ □  6
  □ □ □
⑦□  8  6
```

 解き方

《虫食い算》────────────────── ⬤⬤⬤

　一の位から計算します。

　⑦と8をかけて一の位が6となるのは,

　2×8＝16か, 7×8＝56の2通りです。

　⑦が2のときを考えます。

　⑦は2と⑦をかけたときの一の位の数で,

偶数（ぐうすう）になります。

ポイント 奇数（きすう）＋偶数は奇数なので，⑤とㇰ

を足して，8になることはありません。

したがって，㋐は⑦となります。

```
        3 ⑵
   ×    ⑶ 8
      ⑵ 5 6
        ⑷
   ㋑    8 6
```

答 ⑦

□ （30） ㋑にあてはまる数を求めましょう。

解き方

《虫食い算》

㋐に⑦を入れて計算します。

⑨とㇰを足すと一の位が8になる

ので，

ㇰは⑨になります。

```
        3 ⑺
   ×    ⑶ 8
      2 9 6
        ⑷
   ㋑    8 6
```

⑦とㇰをかけたとき，一の位が⑨

となるのは，

⑦×⑦＝⑷9のときです。

㋒に⑦を入れて計算すると，右の

筆算となり，㋑は⑵となります。

```
        3 ⑺
   ×    7 8
      2 9 6
    2 5 9
  2 8 8 6
```

わかっている数から，かくれて
いる数を逆算によって見つけて
いきます。

答 ⑵

虫食い算

　虫食い算とは，計算式の□に数字を入れて正しい計算にする問題です。

　1つの□には1つの数字を入れ，左端(ひだりはし)の□に0は入れられません。

　わかっている数の部分から，あてはまる数の候補(こうほ)をあげて，順に調べます。

解答→p.185

　右の図の筆算が正しくなるように，□に0〜9までの数字を入れます。次の問題に答えましょう。

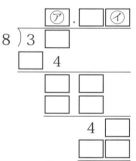

①　⑦にあてはまる数を求めましょう。

②　④にあてはまる数を求めましょう。

1 次の計算をしましょう。　　　　　（計算技能）

☐ (1)　2.8 × 3.1

解き方　《(小数)×(小数)の計算》　　　　　　　　　⬤⬤⬤

筆算で計算します。

```
      2 . 8   →小数部分1けた ┐
    × 3 . 1   →小数部分1けた ┤
        2  8
    8  4
    8 . 6  8  ←小数部分2けた ◄
```

2.8 × 3.1 = 8.68 ……**答**

まとめ　**小数のかけ算の筆算のしかた**

① 小数がないものとして，整数のかけ算と同じように計算します。

② 積の小数点は，積の小数部分のけた数が，かけられる数とかける数の小数部分のけた数の和になるようにうちます。

例
```
      0 . 4 3   →小数部分2けた ┐
    ×     3 . 5   →小数部分1けた ┤
        2  1  5
    1  2  9
    1 . 5  0  5   ←小数部分3けた ◄
```

① 2.3 × 4.1   ② 2.7 × 1.9

③ 3.6 × 0.9

解答→p.185

□ （2）   0.282 ÷ 0.06

 解き方

《(小数)÷(小数)の計算》 ——————————

筆算で計算します。

```
              4.7  ←③わられる数の小数点の位置に合わせます。
  0.06)0.28.2  ←①わる数が整数になるように，小数点を右
        2 4        に移します。
        ──
          4 2    ②わられる数の小数点も同じけた数だけ右
          4 2      に移します。
          ───
            0
```

0.282 ÷ 0.06 ＝ 4.7 …… 答

 まとめ

小数のわり算の筆算のしかた

① わる数が整数になるように，小数点を右に移します。

② わられる数の小数点も，①で移した分だけ右に移します。

③ 商の小数点は，わられる数の移した小数点にそろえてうちます。

例

```
                  ③
                2.4
  3.26)7.82.4
    ①  6 5 2 ②
        ─────
        1 3 0 4
        1 3 0 4
        ───────
              0
```

問題◀p.42 149

解答→ p.185

	①	$0.28 \div 0.08$	②	$0.108 \div 0.4$
	③	$9.36 \div 2.4$		

☐ (3) $\dfrac{3}{8} + 1\dfrac{3}{4}$

《分数のたし算》

$\dfrac{3}{8} + 1\dfrac{3}{4}$ ⎫ 8と4の最小公倍数8を共通な分母にして

$= \dfrac{3}{8} + 1\dfrac{\boxed{6}}{8}$ ⎭ 通分します。

$= 1\dfrac{\boxed{3} + \boxed{6}}{8}$ ←分子どうしをたします。

$= 1\dfrac{\boxed{9}}{8}$

$= \boxed{2\dfrac{1}{8}}$ ……魯

分母がちがう分数のたし算は，通分してから分子どうしをたします。

分数のたし算

　　分母のちがう分数のたし算は，通分して計算します。

例 $\dfrac{1}{4} + \dfrac{2}{3} = \dfrac{3}{12} + \dfrac{8}{12} = \dfrac{11}{12}$

4と3の最小公倍数12を共通な分母にして通分します。

解答→ p.185

	①	$\dfrac{3}{5} + 1\dfrac{1}{4}$	②	$\dfrac{1}{6} + 2\dfrac{1}{2}$
	③	$1\dfrac{5}{6} + \dfrac{2}{3}$		

☐ (4)　$1\dfrac{2}{3}-\dfrac{7}{9}$

 解き方　《分数のひき算》 ────────────────────── ◖◗◖◗◖◗

$$1\dfrac{2}{3}-\dfrac{7}{9}$$

通分します。

$$=1\dfrac{\boxed{6}}{9}-\dfrac{7}{9}$$

分数部分でひけないから，$1\dfrac{6}{9}$を仮分数になおします。

$$=\dfrac{\boxed{15}}{9}-\dfrac{7}{9}$$

$$=\dfrac{\boxed{8}}{9}\quad\cdots\cdots\text{答}$$

第5回

解説・解答

 分数のひき算

　　分母のちがう分数のひき算は，通分して計算します。

例　$\dfrac{2}{3}-\dfrac{2}{5}=\dfrac{10}{15}-\dfrac{6}{15}=\dfrac{4}{15}$

 たしかめよう
① (4)
解答→ p.185

①　$1\dfrac{1}{4}-\dfrac{7}{8}$　　②　$\dfrac{5}{4}-\dfrac{2}{3}$　　③　$1\dfrac{1}{6}-\dfrac{2}{3}$

☐ (5)　$\dfrac{2}{49}\times 14$

 解き方　《（分数）×（整数）の計算》 ──────────── ◖◗◖◗◖◗

$$\dfrac{2}{49}\times 14$$

整数を分子にかけ，約分します。

$$=\dfrac{2\times\overset{\boxed{2}}{14}}{\underset{\boxed{7}}{49}}=\dfrac{\boxed{4}}{\boxed{7}}\quad\cdots\cdots\text{答}$$

 ポイント
計算の途中で約分できるときは約分します。

分数×整数の計算

まとめ

分数に整数をかける計算では，分母はそのままにして，分子に整数をかけます。

$$\frac{b}{a} \times c = \frac{b \times c}{a}$$

たしかめよう
①(5)
解答→p.185

① $\dfrac{2}{25} \times 15$

② $\dfrac{5}{36} \times 8$

③ $\dfrac{5}{33} \times 11$

□ (6) $\dfrac{5}{6} \div 15$

解き方

《(分数)÷(整数)の計算》 ────────────

$$\frac{5}{6} \div 15$$

整数を分母にかけ，約分します。

$$= \frac{\boxed{1}\ \ 5}{6 \times 15}$$
$$\qquad\ \ \boxed{3}$$

$$= \boxed{\dfrac{1}{18}} \ \cdots\cdots\ 答$$

分数÷整数の計算

まとめ

分数を整数でわる計算では，分子はそのままにして，分母に整数をかけます。

$$\frac{b}{a} \div c = \frac{b}{a \times c}$$

たしかめよう
①(6)
解答→p.185

① $\dfrac{2}{3} \div 12$

② $\dfrac{15}{7} \div 10$

③ $\dfrac{4}{5} \div 12$

□ (7) $\dfrac{3}{5} \times 1\dfrac{7}{18}$

 《（分数）×（分数）の計算》————————————

$$\dfrac{3}{5} \times 1\dfrac{7}{18} = \dfrac{3}{5} \times \dfrac{25}{18}$$

帯分数を仮分数になおして，分母どうし，分子どうしをかけます。

$$= \dfrac{3 \times \boxed{25}}{\underset{\boxed{1}}{5} \times \underset{\boxed{6}}{18}}$$
<small>$\boxed{1}$ $\boxed{5}$</small>

←約分します。

 途中で約分すると，計算が簡単になります。

$$= \boxed{\dfrac{5}{6}} \quad \cdots\cdots 答$$

 分数×分数の計算

　分数に分数をかける計算では，分母どうし，分子どうしをかけます。

$$\dfrac{b}{a} \times \dfrac{d}{c} = \dfrac{b \times d}{a \times c}$$

たしかめよう
1(7)
解答→ p.185
① $\dfrac{5}{12} \times 1\dfrac{3}{5}$　　② $1\dfrac{6}{15} \times \dfrac{3}{7}$　　③ $\dfrac{4}{9} \times 1\dfrac{1}{2}$

□ (8) $1\dfrac{7}{8} \div \dfrac{3}{4}$

 《（分数）÷（分数）の計算》———————————— ◼◼◼◻

$$1\dfrac{7}{8} \div \dfrac{3}{4}$$

帯分数は仮分数になおします。

$$= \boxed{\dfrac{15}{8}} \div \dfrac{3}{4}$$

問題◀ p.42

$$= \frac{15}{8} \times \boxed{\frac{\boxed{4}}{\boxed{3}}} \quad \leftarrow わる数の逆数をかけます。$$

$$= \frac{15 \times \overset{\boxed{5}}{\overset{\boxed{1}}{4}}}{\underset{\boxed{2}}{8} \times \underset{\boxed{1}}{3}} \quad \leftarrow 約分します。$$

$$= \boxed{\frac{\boxed{5}}{\boxed{2}}} \quad \left(\boxed{2\frac{\boxed{1}}{\boxed{2}}} \right) \cdots\cdots 答$$

 分数÷分数の計算

　分数でわる計算では，わる数の逆数をかけるかけ算になおして計算します。

$$\frac{b}{a} \div \frac{d}{c} = \frac{b}{a} \times \frac{c}{d}$$

1(8)
解答→ p.185

① $\dfrac{4}{15} \div \dfrac{5}{8}$ 　② $\dfrac{15}{6} \div \dfrac{5}{3}$ 　③ $2\dfrac{1}{3} \div \dfrac{7}{9}$

---

2 次の問題に答えましょう。

□ (9)　次の（　　）の中の数の最大公約数を求めましょう。

(84, 63)

《最大公約数》

　それぞれの約数を書きだします。

　84 の約数… $\boxed{1}$, 2, $\boxed{3}$, 4, 6, $\boxed{7}$, 12, 14, $\boxed{21}$, 28, 42, 84

　63 の約数… $\boxed{1}$, $\boxed{3}$, $\boxed{7}$, 9, $\boxed{21}$, 63

　したがって，最大公約数は $\boxed{21}$ 　　　　答　$\boxed{21}$

別の解き方

3)	84	63	……公約数 3 でわります。
7)	28	21	……公約数 7 でわります。
	4	3	……公約数は 1 以外にありません。

最大公約数は　3 × 7 = 21

 答　21

 まとめ

約数

　ある整数をわりきることができる整数を，もとの整数の**約数**といいます。

例　12 の約数は，1，2，3，4，6，12

公約数・最大公約数

　いくつかの整数に共通な約数を，それらの整数の**公約数**といいます。公約数のうち，いちばん大きい公約数を**最大公約数**といいます。

最大公約数の求め方

例　12 と 16 の最大公約数の求め方

2)	12	16	……公約数 2 でわります。
2)	6	8	……公約数 2 でわります。
	3	4	……公約数は 1 以外にありません。

最大公約数は，2 × 2 = 4

 たしかめよう
2⃣(9)
解答→ p.185

　次の（　　）の中の数の最大公約数を求めましょう。

①　(27，72)　　　　　　②　(12，20，44)

☐ **(10)**　次の（　　）の中の数の最小公倍数を求めましょう。

(5，9，45)

《最小公倍数》 ————————————————————

それぞれの倍数を書きだします。

5 の倍数 … 5, 10, 15, 20, 25, 30, 35, 40, 45, …

9 の倍数 … 9, 18, 27, 36 , 45 , …

45 の倍数 … 45 , …

したがって，最小公倍数は 45 　　　　　　　　答 45

```
5) 5   9   45  ……5 と 45 の公約数 5 でわります。
3) 1   9   9   ……9 と 9 の公約数 3 でわります。
3) 1   3   3   ……3 と 3 の公約数 3 でわります。
   1   1   1
```

最小公倍数は 　5 × 3 × 3 × 1 × 1 × 1 ＝ 45

答 45

 倍数

　ある整数を整数倍してできる数を，もとの整数の**倍数**といいます。

公倍数・最小公倍数

　いくつかの整数に共通な倍数を，それらの整数の**公倍数**といいます。公倍数のうち，いちばん小さい公倍数を**最小公倍数**といいます。

最小公倍数の求め方

例　4 と 6 と 9 の最小公倍数の見つけ方

```
2) 4   6   9  ……4 と 6 の公約数 2 でわります。
3) 2   3   9  ……3 と 9 の公約数 3 でわります。
   2   1   3
```

最小公倍数は，2 × 3 × 2 × 1 × 3 ＝ 36

次の（　）の中の数の最小公倍数を求めましょう。

① （30，66）　　　　② （12，18，21）

解答→ p.185

---

3 次の比を，もっとも簡単な整数の比にしましょう。

☐ （11）　36：48

《比を簡単にする》 ————————————————————

36：48

＝（36÷ 12 ）：（48÷ 12 ） …36 と 48 の最大公約数 12 で
　　　　　　　　　　　　　　　　　　わります。

＝ 3 ： 4

答　 3 ： 4

約分とにていますね。
$$\dfrac{\overset{3}{\cancel{36}}}{\underset{4}{\cancel{48}}} = \dfrac{3}{4}$$

参考

36 と 48 の最大公約数
は，右のようにして求め
ます。

最大公約数は，
2×2×3 = 12

$$
\begin{array}{r}
2\,)\ 36\quad 48 \\
2\,)\ 18\quad 24 \\
3\,)\ \ 9\quad 12 \\
\ \ 3\quad\ \ 4
\end{array}
$$

☐ （12）　72：6.3

《比を簡単にする》 ————————————————————

72：6.3

＝ 720：63 ◁ 10 倍して整数の比で表します。

＝（720÷ 9 ）：（63÷ 9 ） ……720 と 63 の最大公約数で
　　　　　　　　　　　　　　　　　　わります。

＝ 80 ： 7

答　 80 ： 7

問題◀ p.43

第 5 回

解説・解答

最大公約数は，　　　　3) 720　63
　　3 × 3 = 9　　　　3) 240　21
　　　　　　　　　　　　80　 7

比の性質

　$a:b$ の a, b に同じ数をかけたり，a, b を同じ数でわっ
たりしてできる比は，すべて **等しい比** になります。

　例　$2 : 3 = (2 × 5) : (3 × 5) = 10 : 15$

比を簡単にする

　比を，それと等しい比で，できるだけ小さい整数の
比で表すことを，**比を簡単にする** といいます。

　次の比を，もっとも簡単な整数の比にしましょう。

解答→p.185
　①　$39 : 65$　　　　②　$9 : 2.7$

4　次の □ にあてはまる数を求めましょう。

□ (13)　$5 : 2 = □ : 0.8$

　《等しい比》 ──────────────────

　　　　　× 0.4
　　　　　　　　……0.8 は 2 の 0.4 倍ですから，
$5 : 2 = □ : 0.8$
　　　　　　　　……□ は 5 を 0.4 倍した数
　　× 0.4

　　　$□ = 5 × \boxed{0.4} = \boxed{2}$

答　$\boxed{2}$

次の □ にあてはまる数を求めましょう。

① 8：7 ＝ □ ： 6.3

② 1.5：1.2 ＝ 5 ： □

解答→p.185

□ （14） 6kL ＝ □ m³

 《量の単位》 ━━━━━━━━━━━━━━━━

1kL ＝ 1m³ ですから，

6kL ＝ ⑥ m³   答 ⑥ m³

□ （15） 2km² ＝ □ ha

 《面積の単位》 ━━━━━━━━━━━━━━━

1km² ＝ 1000000m²，　1ha ＝ 10000m² ですから，

2km² ＝ 200 ha

答 200 ha

ワンポイント・アドバイス

下のような表をつくって考えると便利です。

				kL(m³)			L	dL		cm³
				6	0	0	0	0	0	0

1kL ＝ 1000L ＝ 1000000cm³

　　＝ 100cm × 100cm × 100cm

　　＝ 1m × 1m × 1m ＝ 1m³

km²		ha		a		m²			cm²
2	0	0	0	0	0	0			

1km² ＝ 1000m × 1000m ＝ 1000000m²

1ha ＝ 100m × 100m ＝ 10000m²

1a ＝ 10m × 10m ＝ 100m²

問題 ◀ p.43

次の □ にあてはまる数を求めましょう。

4 (14)(15)
解答→ p.185

① 0.5kL = □ m^3　　② 3.1km^2 = □ ha

 体積の単位

$1m^3 = 1000000cm^3$,　$1L = 1000cm^3$,

$1dL = 100cm^3$,　$1L = 10dL$,

$1kL = 1000L = 1m^3$

面積の単位

$1m^2 = 10000cm^2$,　$1km^2 = 1000000m^2$,

$1ha = 10000m^2$,　$1a = 100m^2$,　$1ha = 100a$

1a は 1 辺が 10m の正方形の面積と同じです。

1ha は 1 辺が 100m の正方形の面積と同じです。

5 　銀 1cm^3 あたりの重さは 10.5g です。銀を 60g 買ったら 4200 円でした。このとき, 次の問題に答えましょう。

□ (16)　銀 1g あたりの代金は何円ですか。

 《単位量あたりの大きさ》

銀 60g で 4200 円ですから,

1g の代金は,

$4200 ÷ \boxed{60} = \boxed{70}$

答 $\boxed{70}$ 円

□（17）　銀 84g の体積は何 cm³ ですか。

 解き方

《単位量あたりの大きさ》

銀 1cm³ あたりの重さは 10.5g ですから，

$$84 \div \boxed{10.5} = \boxed{8}$$

```
0 10.5              84 (g)
├──┼───────────────┤
├──┼───────────────┤
0  1                □(cm³)
```

答 $\boxed{8}$ cm³

単位量あたりの大きさ
は，比（ひ）や割合（わりあい）と同じよ
うにして求められます。

 まとめ

単位量あたりの大きさ

1g あたりのねだんや，1cm³ あたりの重さなどを
単位量あたりの大きさといいます。

例

・20L のガソリンで 300km 走る自動車は，1L あた
り何 km 走りますか。

$$300 \, (km) \div 20 \, (L) = 15 \, (km)$$

・学校の畑 80m² で 52kg のさつまいもがとれました。
1m² あたり何 kg とれましたか。

$$52 \, (kg) \div 80 \, (m^2) = 0.65 \, (kg)$$

問題 ◀ p.43

解答→p.185

お店 A では，500mL のペットボトルに入っているお茶が 6 本で 540 円

お店 B では，1.5L のペットボトルに入っている同じお茶が 4 本で 900 円

で販売しています。次の問題に答えましょう。

① お店 A で販売しているお茶は，1L あたりのねだんは何円ですか。

② お店 A とお店 B では，どちらのほうがお茶を安く販売しているといえますか。

---

6 なおきさんが洋品店に買い物に行ったところ，割引きセールをしていました。シャツ，

割引きセール

商品	定価	割引き後の値段
シャツ	900 円	720 円
ズボン	2800 円	2380 円

ズボンは，上の表のように割引きされていました。

このとき，次の問題に答えましょう。**消費税は値段にふくまれているので，考える必要はありません。**

□（18） シャツは何割引きで売っていますか。

《割合》

　　シャツの割引き額は，900 － 720 ＝ 180 （円）

したがって，180 ÷ 900 ＝ 0.2

答　2割引き

比べられる量÷もとにする量＝割合

□（19）　ズボンは定価の何％で買えますか。

 《割合》

　　ズボンの割引き後の値段は 2380 円，定価は 2800 円
ですから，

2380 ÷ 2800 ＝ 0.85

答　85 ％

比べられる量÷もとにする量＝割合

 割合，比べられる量，もとにする量の求め方
　　割合と比べられる量，もとにする量の間には次の関
係があります。

　　　　割合＝比べられる量÷もとにする量
　　　　比べられる量＝もとにする量×割合
　　　　もとにする量＝比べられる量÷割合

 　　スカートが定価の 15％引きで，1360 円で売っ
ていました。スカートの定価は何円ですか。
解答→ p.185

7 　下の図のような方眼に，⑦のような四角形がかいてあります。このとき，次の問題に答えましょう。

(作図技能)

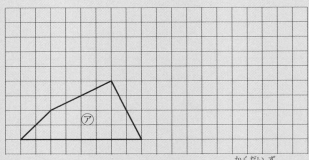

□ (20)　解答用紙の方眼に，⑦の 2 倍の拡大図⑦をかきましょう。

解き方

《拡大図》

　もとの図を，形を変えないで大きくした図を拡大図といいます。

　もとの図⑦と 2 倍の拡大図⑦で，それぞれの角の大きさは変えずに，それぞれの辺の比を 1 : 2 になるようにします。

答

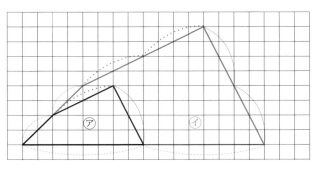

方眼のます目を数えて図をかきましょう。

□ （21）　解答用紙の方眼に, ㋐の$\dfrac{1}{2}$の縮図㋒をかきましょう。

解き方

《縮図》───────────────────────●│■■■│■

　もとの図を, 形を変えないで小さくした図を縮図といいます。

　もとの図㋐と$\dfrac{1}{2}$の縮図㋒で, それぞれの角の大きさは変えずに, それぞれの辺の比を2:1になるようにします。

答
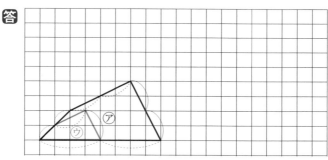

まとめ

拡大図と縮図

　もとの図を, 形を変えないで大きくした図を拡大図といい, 形を変えないで小さくした図を縮図といいます。

　拡大図, 縮図では, 対応する辺の比は等しく, また, 対応する角の大きさは等しくなっています。

拡大図と縮図のかき方

　拡大図や縮図は, 合同な図形をかくときと同じようにしてかくことができます。合同な図形は, 対応する辺の長さが等しくなるようにかきます。

たしかめよう
7
解答→p.186

　下の図のような方眼に，㋐のような四角形がか
いてあります。このとき，次の問題に答えましょう。

① 　解答用紙の方眼に，㋐の2倍の拡大図㋑をか
　きましょう。

② 　解答用紙の方眼に，㋐の$\frac{1}{2}$の縮図㋒をかきま
　しょう。

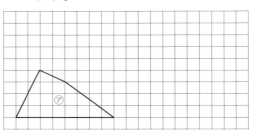

8　A，B，C，Dの4つのチームでバスケットボールの
試合をしました。どのチームとも1回ずつ試合をしま
した。このとき，次の問題に答えましょう。

□（22）　各チームはそれぞれ何回ずつ試合をしましたか。

解き方

《組み合わせ》━━━━━━━━━━━━━━━━━━━━

　Aチームは B，C，Dの3チームと試合をします。

　B，C，Dの各チームもそれぞれ3チームと試合をし
ます。

　したがって，各チームはそれぞれ③回ずつ試合をし
ます。　　　　　　　　　　　　　　　　答　③回

□ (23)　Ａチーム，Ｂチームがそれぞれ 2 勝し，Ｃチーム
が 1 勝しました。Ｄチームは何勝しましたか。ただし，
引き分けはありませんでした。

《組み合わせ》　　　　　　　　　　　　　　　　　　

　各チームが ③ 回ずつ試合をした中で，同じ組み合わ
せをのぞくと，試合は全部で ⑥ 回です。Ａチームが 2 勝，
Ｂチームが 2 勝，Ｃチームが 1 勝したので，

$$⑥ -(2 + 2 + 1)= ①$$

より，Ｄチームは ① 勝したことがわかります。　　**答**　① 勝

組み合わせの数の求め方

　いくつもの中から 2 つを選ぶ組み合わせを考える
ときは，表や樹形図，あるいは全部の組み合わせを並
べる方法で調べることができます。また，次の例のよ
うにして求めることもできます。

例　A，B，C，D の 4 人の中から 2
人の委員を選びます。何通りの選
び方があるかを求めるとき，右の
ような図を使って調べることがで
きます。組み合わせの数は，それぞれの点を結ぶ直
線の数で，全部で 6 通りあることがわかります。

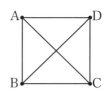

　オレンジ，グレープ，レモン，パイナップルの
4 種類のジュースの中から 2 種類を選びます。
全部で何通りの組み合わせがありますか。

解答→ p.186

問題 ◀ p.45　**167**

9 底辺が $x$cm, 高さが 6cm の三角形の面積を $y$cm^2 とします。このとき, 次の問題に答えましょう。

□ (24) x と y の関係を表す式を作りましょう。

解き方 《文字と式》

三角形の面積＝底辺×高さ÷2なので,

$$y = \boxed{x} \times \boxed{6} \div 2 = x \times \boxed{3}$$

答 $\boxed{y = x \times 3}$

決まっている数を公式にあてはめて計算します。

□ (25) $x = 7$ のとき, y の値を求めましょう。

解き方 《文字と式》

(24) の式に, $x = 7$ をあてはめて,

$$y = 7 \times \boxed{3} = \boxed{21}$$

答 $\boxed{21}$

□ (26) $y = 13.5$ のとき, x の値を求めましょう。

解き方 《文字と式》

(24) の式に, $y = 13.5$ をあてはめて,

$$13.5 = x \times \boxed{3}$$

$$x = 13.5 \div \boxed{3} = \boxed{4.5}$$

答 $\boxed{4.5}$

文字と式

2つの数量の関係を x や y を使って表します。

例
・1冊120円のノートを x 冊買ったときの代金 y 円

$$y = 120 \times x$$

・240ページある本を x ページ読んだときの残りのページ数 y

$$y = 240 - x$$

・たての長さが x cm の長方形の面積が 100cm^2 のとき，横の長さ y cm

$$y = 100 \div x$$

9
解答→p.186

A地点から1260mはなれたB地点まで分速 x m で歩きます。A地点を出発してB地点に到着するまでの時間を y 分とするとき，次の問題に答えましょう。

① x と y の関係を表す式を作りましょう。
② $x = 70$ のとき，y の値を求めましょう。
③ $y = 14$ のとき，x の値を求めましょう。

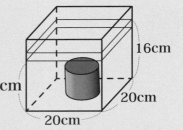

10 右の図のような立方体の形をした容器に水が入っています。円柱の形をしたおもりを入れたところ, 深さが14cm から 16cm に変わりました。このとき, 次の問題に単位をつけて答えましょう。

16cm
14cm
20cm
20cm

□ (27) おもりの体積は何 cm³ ですか。

《直方体, 立方体の体積》—————————

　おもりの体積は, 増えた分の水の体積と同じです。

　おもりを入れたら, 水の深さは 14cm から ポイント
16cm になって, ☐2☐ cm 増えています。

　増えた分の水の体積は, たて 20cm, 横 20cm, 高さ ☐2☐ cm の直方体の体積ですから,

$$20 × 20 × \boxed{2} = \boxed{800} (cm^3)$$

したがって, おもりの体積は, ☐800☐ cm³ です。

答 ☐800 cm³☐

□ (28) おもりの円柱の底面積は 80cm² です。この円柱の高さは何 cm ですか。この問題は, 計算の途中の式と答えを書きましょう。

《円柱の体積》—————————————

　高さを ☐ cm とすると,

$$800 = 80 × \boxed{}$$

したがって，

$$\square = \boxed{800 \div 80} = \boxed{10}\ (\text{cm})$$

答 $\boxed{10\ \text{cm}}$

> **まとめ**
>
> **立方体・直方体，円柱の体積**
>
> **立方体の体積＝ 1 辺× 1 辺× 1 辺**
>
> **直方体の体積＝たて×横×高さ**
>
> **円柱の体積＝底面積×高さ**

たしかめ
よう
10
解答→ p.186

右の図のような立方体の形をした容器に水が入っています。円柱の形をしたおもりを入れ

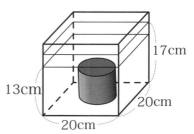

17cm

13cm

20cm

20cm

たところ，深さが 13cm から 17cm に変わりました。このとき，次の問題に答えましょう。

① おもりの体積は何 cm³ ですか。

② おもりの円柱の底面積は 100cm² です。この円柱の高さは何 cm ですか。

11 すすむさんとあゆみさんは，周囲が 840m の池のまわりを歩きます。すすむさんは毎分 80m，あゆみさんは毎分 60m で歩きます。このとき，次の問題に答えましょう。

□（29） 2 人が同時に同じ場所から反対方向に歩きはじめると，何分後に出会いますか。

すすむさん　あゆみさん

解き方 《割合》━━━━━━━━━━━━━━━━━━━━━ 🔵🔵🔵🔵

2人合わせると，1分間に進む道のりは，

$\boxed{80} + \boxed{60} = \boxed{140}$（m）

つまり，2人合わせたときの速さは，分速 $\boxed{140}$ m です。

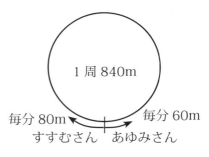

1周 840m

毎分 80m ← すすむさん　あゆみさん　→ 毎分 60m

したがって，

$\boxed{840} \div \boxed{140} = \boxed{6}$（分）

答 $\boxed{6}$ 分後

時間＝道のり÷速さ **ポイント**

840m の道のりを，分速 140m で歩いたと考えます。

━━━━━━━━━━━━━━━━━━━━━━━━━━━━━━

□ (30)　同じ場所から2人が同じ方向に進みます。あゆみさんが出発してから3分後にすすむさんが出発します。すすむさんは，出発してから何分後にあゆみさんに追いつきますか。

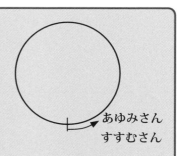

あゆみさん
すすむさん

解き方 《割合》 ────────────────────────

すすむさんが出発するときに，あゆみさんは，

$$60 \times \boxed{3} = \boxed{180}(m)$$

より，$\boxed{180}$ m 先に進んでいます。

すすむさんが出発してから，あゆみさんとすすむさんの間のみちのりは，1 分間に

$$\boxed{80} - \boxed{60} = \boxed{20}(m)$$

より，$\boxed{20}$ m ずつ短くなります。

したがって，

$$\boxed{180} \div \boxed{20} = \boxed{9}(分)$$

ポイント

2 人の間が 1 分間に何 m 縮まるか求めます。

答 $\boxed{9}$ 分後

ワンポイント・アドバイス

あゆみさんとすすむさんの間が何分で 0 m になるかを求めます。　すすむさん ────180m──── あゆみさん

20m

まとめ 速さ，道のり，時間の関係

速さ＝道のり÷時間

道のり＝速さ×時間

時間＝道のり÷速さ

問題◀p.46 **173**

解答→ p.186

　まさきさんとゆりえさんは，周囲が 1080 m の池のまわりを歩きます。まさきさんは毎分 75 m，ゆりえさんは毎分 60 m で歩きます。このとき，次の問題に答えましょう。

① 　2 人が同時に同じ場所から反対方向に歩きはじめると，何分後に出会いますか。

② 　同じ場所から 2 人が同じ方向に進みます。ゆりえさんが出発してから 3 分後にまさきさんが出発します。まさきさんは，出発してから何分後にゆりえさんに追いつきますか。

旅人算

　2 人以上の人が，同じ方向や反対方向に移動して，追いついたり出会ったりするまでの時間や道のりを求める問題を旅人算といいます。

出会い算

　　出会うまでの時間 = 道のり÷速さの和

　　道のり = 速さの和×出会うまでの時間

　　速さの和 = 道のり÷出会うまでの時間

追いつき算

　　追いつくまでの時間 =2 人の間の道のり÷速さの差

　　2 人の間の道のり＝速さの差×追いつくまでの時間

　　速さの差＝ 2 人の間の道のり÷追いつくまでの時間

解答一覧
いちらん

くわしい解説は，「解説・解答」をごらんください。

1

(1) 9.66　　　　　(2) 8.5

(3) $\dfrac{16}{15}$ $\left(1\dfrac{1}{15}\right)$　　(4) $1\dfrac{23}{24}$

(5) $\dfrac{8}{3}$ $\left(2\dfrac{2}{3}\right)$　　(6) $\dfrac{1}{22}$

(7) $\dfrac{7}{36}$　　　　　(8) 6

2

(9) 4

(10) 36

3

(11) 4：9

(12) 7：30

4

(13) 54

(14) 1.6m

(15) 5000000cm^3

5

(16) 20%

(17) 7.5km^2

6

(18) 2750円

(19) 50円

7

(20) 15本

(21) 5つ

8

(22) 35kg以上40kg未満

(23) 15%

9

(24) 50.24m

(25) $8 \times 8 \times 3.14 \div 2 = 100.48$

答　100.48m^2

10

(26) 1060m

(27) 6.4cm

11

(28) $\dfrac{1}{12}$

(29) $\dfrac{3}{20}$

(30) 6分40秒

第 2 回

1

(1) 0.03　　　(2) 2.2

(3) $\dfrac{13}{24}$　　(4) $\dfrac{7}{18}$

(5) $\dfrac{3}{4}$　　(6) $\dfrac{3}{8}$

(7) $\dfrac{1}{4}$　　(8) $\dfrac{49}{75}$

2

(9) 8

(10) 72

3

(11) 4 : 9

(12) 9 : 25

4

(13) 56

(14) 1050g

(15) 4000cm^2

5

(16) $\dfrac{1}{15}$ km

(17) 3 倍

6

(18) 1200 円

(19) 1320 円

7

(20) 12cm^2

(21) 8cm^2

8

(22) 27.5 分

(23) 24％

9

(24) 61g

(25) 61.5g

(26) B

10

(27) 4cm^2

(28) 57cm^2

11

(29) EACBD

(30) CBDAE

第 3 回

1

(1) 6.705　　(2) 2.5

(3) $\dfrac{38}{35}$ $\left(1\dfrac{3}{35}\right)$　(4) $\dfrac{13}{24}$

(5) $\dfrac{10}{3}$ $\left(3\dfrac{1}{3}\right)$　(6) $\dfrac{1}{27}$

(7) 3　　　(8) $\dfrac{35}{33}$ $\left(1\dfrac{2}{33}\right)$

2

(9) 12

(10) 72

3
(11) 5 : 3
(12) 9 : 5

4
(13) 30
(14) 250a
(15) 3.4dL

5
(16) $22000 \times 0.25 = 5500$

答 5500m²

(17) 33000m²

6
(18) 2470円
(19) 30%引き

7
(20) 60度

(21) 12cm

8
(22) 3通り
(23) 6通り

9
(24) 時速90km
(25) 150km
(26) 3時間20分

10
(27) 1800cm³
(28) $1800 \div (10 \times 12) = 15$

答 15cm

11
(29) 2
(30) 3

第4回

1
(1) 7.68　　(2) 6.5

(3) $\dfrac{11}{12}$　　(4) $\dfrac{11}{15}$

(5) $\dfrac{10}{3}$ $\left(3\dfrac{1}{3}\right)$　　(6) $\dfrac{3}{40}$

(7) $\dfrac{4}{21}$　　(8) 3

2
(9) 14
(10) 120

3
(11) 8 : 1
(12) 6 : 5

4
(13) 64
(14) 250kg
(15) 34000cm³

5
(16) 120円
(17) $180 \div 120 = 1.5$

または

$1 \times \dfrac{1}{3} \times 4.5 = 1.5$

答 1.5 倍 $\left(\dfrac{3}{2}\text{倍},\ \left(1\dfrac{1}{2}\right)\text{倍}\right)$

6
(18) 900 円
(19) 25％引き

7
(20) 点 E
(21) 直線 OF

8
(22) 12 通り

(23) 24 通り

9
(24) 比例
(25) 30
(26) 210g

10
(27) 2 倍
(28) 20cm

11
(29) 7
(30) 2

第 5 回

1
(1) 8.68　　　(2) 4.7

(3) $2\dfrac{1}{8}$　　　(4) $\dfrac{8}{9}$

(5) $\dfrac{4}{7}$　　　(6) $\dfrac{1}{18}$

(7) $\dfrac{5}{6}$　　　(8) $\dfrac{5}{2}\left(2\dfrac{1}{2}\right)$

2
(9) 21
(10) 45

3
(11) 3 : 4
(12) 80 : 7

4
(13) 2

(14) 6m³
(15) 200ha

5
(16) 70 円
(17) 8cm³

6
(18) 2 割引き
(19) 85％

7
(20)

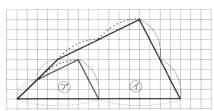

(21)

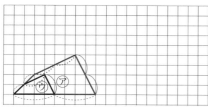

8

(22) 3 回

(23) 1 勝

9

(24) $y = x \times 3$

(25) 21

(26) 4.5

10

(27) 800cm³

(28) $800 \div 80 = 10$

　　　　　答 10cm

11

(29) 6 分後

(30) 9 分後

第1回

● 49 ページ

1 (1) ① 1.7　　② 5.28

③ 46.48

● 50 ページ

1 (2) ① 5.775　② 4.3

③ 3.8

1 (3) ① $\dfrac{13}{24}$　　② $\dfrac{19}{12}\left(1\dfrac{7}{12}\right)$

③ $\dfrac{32}{45}$

● 51 ページ

1 (4) ① $\dfrac{7}{12}$　　② $\dfrac{1}{18}$

③ $1\dfrac{41}{42}$

● 52 ページ

1 (5) ① $\dfrac{5}{9}$　　② $\dfrac{5}{4}\left(1\dfrac{1}{4}\right)$

③ $\dfrac{11}{4}\left(2\dfrac{3}{4}\right)$

1 (6) ① $\dfrac{3}{26}$　② $\dfrac{2}{27}$　③ $\dfrac{1}{14}$

● 53 ページ

1 (7) ① $\dfrac{1}{4}$　　② $\dfrac{7}{12}$

③ 1

● 55 ページ

1 (8) ① $\dfrac{6}{5}\left(1\dfrac{1}{5}\right)$

② $\dfrac{3}{2}\left(1\dfrac{1}{2}\right)$　③ 6

● 56 ページ

2 (9) ① 6　　② 4

● 58 ページ

2 (10) ① 72　② 120

● 59 ページ

3 ① 8 : 5　② 3 : 35

● 60 ページ

4 (13) ① 63　② 32

● 61 ページ

4 (14)(15) ① 8000　　② 400000

● 62 ページ

5 ① 6 ÷ 30 = 0.2　　20%

② 30 × 0.25 = 7.5　7.5km²

● 63 ページ

6 825 円

● 65 ページ

7 ① 18 本　② 6 つ

③ 12 個

● 67 ページ

8 ① 15m 以上 20m 未満

② 15%

③ 20m 以上 25m 未満

● 69 ページ

⑨ ① $20 \times 3.14 \div 2 + 20$
$+ 10 \times 3.14 = 82.8$　82.8m

② $10 \times 10 \times 3.14 \div 2$
$- 5 \times 5 \times 3.14 = 78.5$

78.5m²

● 71 ページ

⑩ ① 265m　② 3.9cm

● 73 ページ

⑪ ① $\dfrac{1}{15} + \dfrac{1}{10} = \dfrac{1}{6}$　　　　$\dfrac{1}{6}$

② $1 \div \dfrac{1}{6} = 6$　　　　6日

第2回

● 74 ページ

１(1)① 4.64　② 4.1　③ 0.112

● 75 ページ

１(2)① 3.9　② 5.4　③ 6.9

● 76 ページ

１(3)① $\dfrac{3}{2}\left(1\dfrac{1}{2}\right)$

② $\dfrac{7}{6}\left(1\dfrac{1}{6}\right)$

③ $\dfrac{31}{8}\left(3\dfrac{7}{8}\right)$

● 77 ページ

１(4)① $\dfrac{11}{35}$　② $\dfrac{3}{5}$　③ $1\dfrac{24}{35}$

● 78 ページ

１(5)① $\dfrac{1}{3}$　② $\dfrac{9}{4}\left(2\dfrac{1}{4}\right)$

③ 21

１(6)① $\dfrac{1}{84}$　② $\dfrac{1}{6}$　③ $\dfrac{1}{14}$

● 79 ページ

１(7)① $\dfrac{1}{3}$　② $\dfrac{9}{32}$

③ $\dfrac{5}{2}\left(2\dfrac{1}{2}\right)$

● 80 ページ

１(8)① $\dfrac{2}{3}$　② $\dfrac{3}{4}$　③ 6

● 81 ページ

２(9)① 6　② 8

● 82 ページ

２(10)① 420　② 180

● 84 ページ

３ ① 3:7　② 35:2

● 86 ページ

４ ① 0.08　② 260000

③ 40

● 87 ページ

５ ① $\dfrac{17}{12}$ km $\left(1\dfrac{5}{12}$ km$\right)$

② $\dfrac{1}{12}$ km

● 88 ページ

6　2310円

● 90 ページ

7　① 20cm^2　② 12cm^2

● 91 ページ

8　16%

● 93 ページ

9　A…62g　B…63g

B（の小屋のにわとり）

● 95 ページ

10　$\left(6 \times 6 - 6 \times 6 \times 3.14 \times \dfrac{1}{4}\right)$

　　$\times 2 = 15.48$　　　　15.48cm^2

● 98 ページ

11　㋐，㋑からわかっていることを
図に書きこみます。

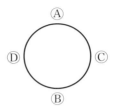

　㋐より，BはAのとなりではな
いので，Aと向かい合っている席
になります。

　㋑より，CはBの右どなりなの
で，DはBの左どなりの席になり
ます。

　したがって，Dの左どなりにす
わっている人は，Aです。

第3回

● 99 ページ

1(1)① 1.62

　　② 3.568

　　③ 1.51

● 100 ページ

1(2)① 3.5　② 3.5　③ 3.2

● 101 ページ

1(3)① $\dfrac{14}{15}$　② $\dfrac{35}{24}\left(1\dfrac{11}{24}\right)$

③ $\dfrac{43}{20}\left(2\dfrac{3}{20}\right)$

● 102 ページ

1(4)① $\dfrac{7}{8}$　　② $\dfrac{11}{12}$

● 103 ページ

1(5)① $\dfrac{10}{7}\left(1\dfrac{3}{7}\right)$

　　② $\dfrac{3}{2}\left(1\dfrac{1}{2}\right)$

③ $\dfrac{10}{3}$ $\left(3\dfrac{1}{3}\right)$

1(6)① $\dfrac{3}{56}$　② $\dfrac{2}{15}$

③ $\dfrac{1}{15}$

● 104 ページ

1(7)① $\dfrac{1}{3}$　② $\dfrac{17}{40}$

③ $\dfrac{3}{2}$ $\left(1\dfrac{1}{2}\right)$

● 105 ページ

1(8)① $\dfrac{45}{44}$ $\left(1\dfrac{1}{44}\right)$　② $\dfrac{12}{25}$

③ $\dfrac{3}{4}$

● 106 ページ

2(9)① 18　② 7

● 107 ページ

2(10)① 36　② 120

● 109 ページ

3 ① 3:7　② 5:2

4(13)① 13　② 9

● 110 ページ

4(14)(15)① 0.36　② 2.3

● 112 ページ

5 ① $20000 \times 0.25 = 5000$

5000m^2

② $180 \div 20000 = 0.009$

0.9%

● 113 ページ

6 ① 3150円　② 2割引き

● 115 ページ

7 ① 70°　② 100°

● 116 ページ

8 ① 3通り　② 6通り

③ 4通り

● 118 ページ

9 ① $60 \div \dfrac{45}{60} = 60 \div \dfrac{3}{4} = 80$

時速80km

② $80 \times \dfrac{90}{60} = 80 \times \dfrac{3}{2} = 120$

120km

● 120 ページ

10 $1800 \div (10 \times 10) = 18$　18cm

● 121 ページ

11 2から18までの偶数の和は

90です。したがって，たて，横，

ななめの3つの数の和は，

$90 \div 3 = 30$

① $4 + ⑦ + 8 = 30$

⑦ = 18

② ④ + 6 + 8 = 30

④ = 16

第4回

● 123 ページ

① (1)① 3.18 ② 5.22

③ 36.34

● 124 ページ

① (2)① 13.2 ② 3.8 ③ 3.3

① (3)① $\dfrac{13}{20}$ ② $\dfrac{11}{12}$

③ $\dfrac{23}{21}\left(1\dfrac{2}{21}\right)$

● 125 ページ

① (4)① $\dfrac{3}{20}$ ② $\dfrac{1}{12}$ ③ $\dfrac{5}{6}$

● 126 ページ

① (5)① $\dfrac{3}{4}$ ② $\dfrac{3}{4}$ ③ 20

① (6)① $\dfrac{2}{15}$ ② $\dfrac{2}{9}$ ③ $\dfrac{1}{6}$

● 127 ページ

① (7)① $\dfrac{1}{15}$ ② $\dfrac{4}{3}\left(1\dfrac{1}{3}\right)$ ③ 12

● 129 ページ

① (8)① $\dfrac{2}{9}$ ② $\dfrac{4}{3}\left(1\dfrac{1}{3}\right)$

③ 2

② (9)① 9 ② 6

● 131 ページ

② (10)① 45 ② 72

● 132 ページ

③ ① 9：10 ② 9：10

④ (13)① 48 ② 1

● 133 ページ

④ (14)(15)① 4.5 ② 400

● 136 ページ

⑤ ① $600 \div \dfrac{1}{2} = 1200$

1200mL

② $600 \times 1.5 \div 1200 = \dfrac{3}{4}$

$\dfrac{3}{4}$倍

● 137 ページ

⑥ 20％引き

● 139 ページ

⑦ ① 点 G ② 直線 OG

③ 角 FGH

● 141 ページ

⑧ 3けたの整数は次の 24 通り。

このうち 5 の倍数は，一の位が 5
の整数で，6 通り。

135,136,153,156,163,**165**,
315,316,351,356,361,**365**,
513,516,531,536,561,563,
613,**615**,631,**635**,651,653

● 143 ページ

⑨ ① 比例 ② 24 ③ 5

● 145 ページ

⑩ ① $4 \times 4 \times 3.14 \times 10$

$= 502.4$ 502.4cm³

② $502.4 \div (8 \times 8 \times 3.14)$

$= 2.5$　　　　　　　2.5cm　　｜　② 　5

● 147 ページ

11　① 　3

第 5 回

● 149 ページ

1(1)① 　9.43　　② 　5.13

　　③ 　3.24

● 150 ページ

1(2)① 　3.5　　② 　0.27　　③ 　3.9

1(3)① 　$\dfrac{37}{20}$ $\left(1\dfrac{17}{20}\right)$

　　② 　$\dfrac{8}{3}$ $\left(2\dfrac{2}{3}\right)$

　　③ 　$\dfrac{5}{2}$ $\left(2\dfrac{1}{2}\right)$

● 151 ページ

1(4)① 　$\dfrac{3}{8}$　　② 　$\dfrac{7}{12}$　　③ 　$\dfrac{1}{2}$

● 152 ページ

1(5)① 　$\dfrac{6}{5}$ $\left(1\dfrac{1}{5}\right)$

　　② 　$\dfrac{10}{9}$ $\left(1\dfrac{1}{9}\right)$

　　③ 　$\dfrac{5}{3}$ $\left(1\dfrac{2}{3}\right)$

1(6)① 　$\dfrac{1}{18}$　　② 　$\dfrac{3}{14}$　　③ 　$\dfrac{1}{15}$

● 153 ページ

1(7)① 　$\dfrac{2}{3}$　　② 　$\dfrac{3}{5}$　　③ 　$\dfrac{2}{3}$

● 154 ページ

1(8)① 　$\dfrac{32}{75}$　　② 　$\dfrac{3}{2}$ $\left(1\dfrac{1}{2}\right)$

　　③ 　3

● 155 ページ

2(9)① 　9　　　② 　4

● 157 ページ

2(10)① 　330　　② 　252

● 158 ページ

3　① 　3：5　　② 　10：3

● 159 ページ

4(13)① 　7.2　　② 　4

● 160 ページ

4(14)(15)① 　0.5　　② 　310

● 162 ページ

5　① 　180 円

　　② 　お店 B

● 163 ページ

6　　$1360 \div (1 - 0.15) = 1600$

　　　　　　　　　　　　1600 円

● 166 ページ

7　下の図

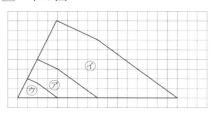

● 167 ページ

8　6通り

● 169 ページ

9　①　$y = 1260 \div x$

②　$y = 18$

③　$x = 90$

● 171 ページ

10　①　$20 \times 20 \times (17 - 13)$

$= 1600$　　　　　$1600cm^3$

②　$1600 \div 100 = 16$

16cm

● 174 ページ

11　①　$1080 \div (75 + 60)$

$= 1080 \div 135 = 8$　8分後

②　まさきさんが出発すると

きに、ゆりえさんは、$60 \times$

$3 = 180$（m）より、180 m

先に進んでいます。ゆりえさ

んが出発してから、ゆりえさ

んとまさきさんの間のみちの

りは、1分間に $75 - 60 =$

15（m）より、15 m ずつ短

くなります。したがって、

$180 \div 15 = 12$

12分後

第 1 回

標準
解答時間
50分

解答用紙　　解説・解答 ▶ p.48 〜 p.73　解答一覧 ▶ p.175

1	(1)		**5**	(16)	%
	(2)			(17)	km^2
	(3)		**6**	(18)	円
	(4)			(19)	円
	(5)		**7**	(20)	本
	(6)			(21)	つ
	(7)		**8**	(22)	kg 以上　　kg 未満
	(8)			(23)	%
2	(9)		**9**	(24)	単位（　）
	(10)			(25)	単位（　）
3	(11)	：	**10**	(26)	m
	(12)	：		(27)	cm
4	(13)		**11**	(28)	
	(14)	（m）		(29)	
	(15)	（cm^3）		(30)	分　　秒

＊本書では，合格基準を 21 問（70%）以上としています。

第2回

解答用紙　　解説・解答▶ p.74 〜 p.98　　解答一覧▶ p.176

1	(1)		5	(16)	km
	(2)			(17)	倍
	(3)		6	(18)	円
	(4)			(19)	円
	(5)		7	(20)	単位（　）
	(6)			(21)	単位（　）
	(7)		8	(22)	分
	(8)			(23)	%
2	(9)		9	(24)	g
	(10)			(25)	g
3	(11)	：		(26)	
	(12)	：	10	(27)	単位（　）
4	(13)			(28)	単位（　）
	(14)	（g）	11	(29)	
	(15)	（cm²）		(30)	

＊本書では，合格基準を 21 問（70%）以上としています。

拡大コピーしてご利用ください。解答らんに書ききれない場合は別紙に書いてください。

第3回

標準解答時間 **50分**

解答用紙　　解説・解答▶ p.99 〜 p.121　　解答一覧▶ p.176 〜 p.177

1	(1)	
	(2)	
	(3)	
	(4)	
	(5)	
	(6)	
	(7)	
	(8)	
2	(9)	
	(10)	
3	(11)	：
	(12)	：
4	(13)	
	(14)	(a)
	(15)	(dL)

5	(16)	単位 （　　　）
	(17)	単位 （　　　）
6	(18)	円
	(19)	％引き
7	(20)	度
	(21)	cm
8	(22)	通り
	(23)	通り
9	(24)	時速　　　　km
	(25)	km
	(26)	時間　　　分
10	(27)	単位 （　　　）
	(28)	単位 （　　　）
11	(29)	
	(30)	

＊本書では，合格基準を 21 問（70％）以上としています。

拡大コピーしてご利用ください。解答らんに書ききれない場合は別紙に書いてください。

第4回

解答用紙　　解説・解答▶ p.122 〜 p.147　解答一覧▶ p.177 〜 p.178

1	(1)	
	(2)	
	(3)	
	(4)	
	(5)	
	(6)	
	(7)	
	(8)	
2	(9)	
	(10)	
3	(11)	：
	(12)	：
4	(13)	
	(14)	（kg）
	(15)	（cm³）

5	(16)	円
	(17)	倍
6	(18)	円
	(19)	％引き
7	(20)	点
	(21)	直線
8	(22)	通り
	(23)	通り
9	(24)	
	(25)	
	(26)	g
10	(27)	倍
	(28)	cm
11	(29)	
	(30)	

＊本書では，合格基準を 21 問（70％）以上としています。

第 5 回

標準
解答時間
50 分

解答用紙　　解説・解答▶ p.148 ～ p.174　解答一覧▶ p.178 ～ p.179

1	(1)	
	(2)	
	(3)	
	(4)	
	(5)	
	(6)	
	(7)	
	(8)	
2	(9)	
	(10)	
3	(11)	：
	(12)	：
4	(13)	
	(14)	(m³)
	(15)	(ha)

5	(16)	円
	(17)	cm³
6	(18)	割引き
	(19)	%
7	(20)(21)	

8	(22)	回
	(23)	勝
9	(24)	
	(25)	
	(26)	
10	(27)	単位（　　）
	(28)	単位（　　）
11	(29)	分後
	(30)	分後

＊本書では，合格基準を 21 問（70％）以上としています。

拡大コピーしてご利用ください。解答らんに書ききれない場合は別紙に書いてください。

本書に関する正誤等の最新情報は，下記のアドレスでご確認ください。
http://www.s-henshu.info/sk6hs2204/

　上記アドレスに掲載されていない箇所で，正誤についてお気づきの場合は，書名・発行日・質問事項（ページ・問題番号）・氏名・郵便番号・住所・FAX番号を明記の上，郵送またはFAXでお問い合わせください。

※電話でのお問い合わせはお受けできません。

【宛先】　コンデックス情報研究所「本試験型 算数検定6級 試験問題集」係

　　　　　住所　〒359-0042　埼玉県所沢市並木3-1-9

　　　　　FAX番号　04-2995-4362（10：00～17：00 土日祝日を除く）

※本書の正誤に関するご質問以外はお受けできません。また受検指導などは行っておりません。

※ご質問の到着確認後10日前後に，回答を普通郵便またはFAXで発送いたします。

※ご質問の受付期限は，試験日の10日前必着といたします。ご了承ください。

監修：小宮山 敏正（こみやま としまさ）

東京理科大学理学部応用数学科卒業後，私立明星高等学校数学科教諭として勤務。

編著：コンデックス情報研究所

1990年6月設立。法律・福祉・技術・教育分野において，書籍の企画・執筆・編集，大学および通信教育機関との共同教材開発を行っている研究者，実務家，編集者のグループ。

イラスト：蒔田恵実香

企画編集：成美堂出版編集部

本試験型 算数検定6級試験問題集

監　修　小宮山敏正

編　著　コンデックス情報研究所

発行者　深見公子

発行所　成美堂出版

　　　　〒162-8445　東京都新宿区新小川町1-7

　　　　電話(03)5206-8151　FAX(03)5206-8159

印　刷　大盛印刷株式会社

©SEIBIDO SHUPPAN 2020 PRINTED IN JAPAN

ISBN978-4-415-23146-4